直升机供电系统

薛洪熙 果占治 付雅斌 王佳祥 编著

国防工业出版社
·北京·

内容简介

本书主要内容包括直升机供电系统的直流电源设备、直流电源的调压、直流电源的控制与保护、交流电源设备、交流电源的调压、交流电源的控制与保护等，分析了供电系统的工作原理，介绍了低压直流、交流和混合供电系统在直升机上的典型应用。

本书层次清晰、内容丰富、图文并茂，注重理论与实践的结合，适宜学生开展该领域内容学习。本书可作为航空电气工程专业本科生教材，也可供相关专业工程技术人员和高等院校师生参考。

图书在版编目（CIP）数据

直升机供电系统 / 薛洪熙等编著. —北京：国防工业出版社，2023.9
ISBN 978-7-118-13018-8

Ⅰ. ①直… Ⅱ. ①薛… Ⅲ. ①直升机-供电系统-研究 Ⅳ. ①V275

中国国家版本馆 CIP 数据核字（2023）第 169324 号

※

国防工业出版社出版发行
（北京市海淀区紫竹院南路 23 号　邮政编码 100048）
莱州市丰源印刷有限公司印刷
新华书店经售

*

开本 787×1092　1/16　印张 11½　字数 260 千字
2023 年 9 月第 1 版第 1 次印刷　印数 1—1500 册　定价 69.00 元

（本书如有印装错误，我社负责调换）

国防书店：(010)88540777　　书店传真：(010)88540776
发行业务：(010)88540717　　发行传真：(010)88540762

前　　言

直升机供电系统是重要的飞行保障系统，是直升机的空中电站。随着直升机及其用电设备的技术发展，尤其是数字电子设备和机载计算机在直升机上广泛地应用，必然对直升机供电系统的供电容量、供电品质、供电可靠性、应急生存能力及自适应能力等方面提出新的更高更严格的要求，使直升机完成飞行、作战任务和安全返航在更大程度上依赖于直升机供电系统的可靠性和完善程度。因此，分析研究直升机供电系统对保障飞行安全、有效提高飞行训练质量具有非常重要的现实意义。

全书内容共分为 11 章。第 1 章介绍了直升机电源系统的基本组成和基本类型、直升机配电系统的基本知识；第 2 章介绍了蓄电池、直流起动发电机、整流装置等直流电源设备的构造、基本工作原理等；第 3 章介绍了炭片式和晶体管式直流电压调节装置的组成、基本工作原理等；第 4 章介绍了直流发电机的控制与反流保护、过电压保护、短路保护等，分析了保护装置的组成和基本工作原理，同时介绍了综合型控制保护器的工作原理；第 5 章介绍了直流发电机并联供电时的负载均衡性和稳定性内容，分析了相关装置的组成、工作原理等；第 6 章介绍了直升机电网中的导线及其连接装置、电路控制装置、电路保护装置等，分析了相关设备的类型、构造、工作原理等；第 7 章介绍了主电源分别为直流电源、交流电源、混合电源 3 种类型的典型直升机直流供电系统的网络、线路、控制电路等；第 8 章介绍了交流发电机、静态变流器的类型、组成、基本工作原理等；第 9 章介绍了交流电压调节装置的基本类型、构成和工作原理；第 10 章介绍了交流电源的激磁控制与主回路控制，分析了交流电源的保护及其工作原理等；第 11 章介绍了典型直升机交流供电系统的组成、工作原理等。这些内容比较全面、系统地反映了直升机供电系统的构成和工作原理，介绍了相关设备的使用与维护，为掌握直升机供电系统工作原理和维护供电系统设备提供了理论基础。

本书第 1 章、第 2 章、第 8 章由果占治编写，第 3 章、第 4 章、第 9 章、第 10 章由薛洪熙编写，第 5 章、第 7 章由付雅斌编写，第 6 章、第 11 章由王佳祥编写，全书由薛洪熙统稿。王世成、梁虹、毕嘉、王玲、纪道成、滑朋杰、牛鹏辉、盛维崇、刘永新、李永艺、田桂、程亚杰、张君等同志参与了本书的编写，来国军教授对全书进行了审定。本书在编写过程中，参考了大量相关文献资料，由于篇幅限制，未能一一列出，在此谨向文献作者表示诚挚谢意。限于作者的学术水平，书中难免存在不足与错误之处，诚恳地希望读者批评指正。

编者

目 录

第1章 概述 1
  1.1 直升机电源系统 1
    1.1.1 直升机电源系统的基本组成 1
    1.1.2 直升机电源系统的基本类型 2
  1.2 直升机配电系统 4
    1.2.1 对直升机电网的基本技术要求 5
    1.2.2 电网的线制 5
    1.2.3 直升机电网的配电方式 6

第2章 直流电源设备 9
  2.1 铅蓄电池 9
    2.1.1 工作原理 9
    2.1.2 放电特性 12
    2.1.3 铅蓄电池的构造 15
    2.1.4 铅蓄电池的主要故障 16
    2.1.5 铅蓄电池的使用与维护 17
  2.2 镉镍蓄电池 18
    2.2.1 工作原理 18
    2.2.2 放电特性 19
    2.2.3 镉镍蓄电池的构造 20
    2.2.4 镉镍蓄电池的主要故障 21
    2.2.5 镉镍蓄电池的使用与维护 21
  2.3 直流起动发电机 21
    2.3.1 功用 21
    2.3.2 工作原理 21
    2.3.3 起动发电机原理电路 23
    2.3.4 起动发电机的结构 25
    2.3.5 起动发电机的检查 26
  2.4 整流装置 27
    2.4.1 功用 27
    2.4.2 组成结构 27
    2.4.3 工作原理 28

第3章 直流电压调节装置 30

3.1 炭片式调压器 ································· 30
3.1.1 组成 ··································· 30
3.1.2 工作原理 ······························· 32
3.1.3 调压精度分析 ··························· 33
3.1.4 工作电路 ······························· 36
3.1.5 炭片式调压器的使用与维护 ··············· 37
3.2 晶体管式调压器 ······························· 38
3.2.1 晶体管对激磁电流的控制 ··················· 38
3.2.2 晶体管调压器的基本类型 ··················· 42
3.2.3 脉冲调宽型调压器的构成 ··················· 44
3.2.4 晶体管调压器原理电路 ····················· 46
3.2.5 晶体管调压器的使用与维护 ················· 47

第4章 直流电源的控制与保护 ························ 48
4.1 直流发电机的控制与反流保护 ·················· 48
4.1.1 电磁继电器式控制和反流保护装置 ··········· 49
4.1.2 晶体管式控制和反流保护装置 ··············· 53
4.2 直流发电机的过电压保护 ······················ 56
4.2.1 对过压保护装置的基本要求 ················· 56
4.2.2 过压保护装置 ····························· 57
4.3 直流发电机的短路保护 ························ 61
4.3.1 发电机的短路过程 ························· 61
4.3.2 短路保护装置 ····························· 62
4.4 直流发电机综合型控制保护器 ·················· 68
4.4.1 功用 ····································· 68
4.4.2 工作原理 ································· 68

第5章 直流发电机的并联供电 ························ 75
5.1 并联供电负载分配的均衡性 ···················· 75
5.1.1 负载均衡分配的条件 ······················· 75
5.1.2 负载的分配规律 ··························· 76
5.1.3 提高负载分配均衡性的措施 ················· 81
5.2 并联供电的稳定性 ···························· 83
5.2.1 并联供电时电压和电流的振荡 ··············· 83
5.2.2 提高并联供电稳定性的措施 ················· 85

第6章 直升机电网 ·································· 89
6.1 导线及其连接装置 ···························· 89
6.1.1 导线和电缆 ······························· 89
6.1.2 导线连接装置 ····························· 91
6.2 电路控制装置 ································ 94
6.2.1 手动控制装置 ····························· 94

         6.2.2 机械控制装置·····96
         6.2.3 电磁控制装置·····96
         6.2.4 电路控制设备的使用与维护·····99
    6.3 电路保护装置·····99
         6.3.1 基本要求·····100
         6.3.2 电路保护装置·····101
         6.3.3 电路保护装置的使用与维护·····104

第7章 典型直升机直流供电系统·····105
    7.1 主电源为直流电源的直流供电系统·····105
         7.1.1 直流配电网络·····105
         7.1.2 直流供电线路·····106
         7.1.3 直流电源供电控制电路·····108
    7.2 主电源为交流电源的直流供电系统·····112
         7.2.1 直流配电网络·····112
         7.2.2 直流供电线路·····113
         7.2.3 直流电源供电控制电路·····115
    7.3 主电源为混合电源的直流供电系统·····116
         7.3.1 直流配电网络·····116
         7.3.2 直流供电线路·····116
         7.3.3 直流电源几种供电状态的控制电路·····117

第8章 交流电源设备·····120
    8.1 交流发电机·····120
         8.1.1 同步发电机基本类型·····120
         8.1.2 同步发电机基本原理·····120
         8.1.3 同步发电机工作原理·····121
         8.1.4 同步发电机基本结构·····123
    8.2 静态变流器·····123
         8.2.1 静态变流器的功用·····124
         8.2.2 静态变流器的分类·····124
         8.2.3 静态变流器的组成·····124
         8.2.4 静态变流器的基本原理·····126
         8.2.5 功率转换电路的形式及特点·····127
         8.2.6 控制电路·····130

第9章 交流电压调节装置·····137
    9.1 交流晶体管式调压器的基本原理·····137
    9.2 交流晶体管式调压器的基本类型·····137
    9.3 脉冲调宽式晶体管调压器的构成·····139
         9.3.1 检测比较电路·····139
         9.3.2 调制变换电路·····143

	9.3.3 整形放大电路	144
	9.3.4 功率放大电路	147
9.4	脉冲调宽式晶体管调压器的工作原理	147
	9.4.1 检测比较电路	147
	9.4.2 调制变换电路	147
	9.4.3 整形放大电路	147
	9.4.4 功率放大电路	148
	9.4.5 调压器工作过程	148
9.5	晶体管调压器的调节误差	149
	9.5.1 减小静态误差的方法	150
	9.5.2 减小温度误差的方法	150
9.6	晶体管调压器的使用与维护	150

第10章 交流电源的控制与保护 ... 152

- 10.1 单台交流发电机的控制 ... 152
  - 10.1.1 发电机激磁控制 ... 152
  - 10.1.2 发电机主回路控制 ... 154
- 10.2 多台交流发电机的控制 ... 156
  - 10.2.1 交流发电机并联运行的条件 ... 156
  - 10.2.2 交流发电机投入并联的自动控制 ... 157
- 10.3 过电压及其保护 ... 159
  - 10.3.1 过电压保护电路 ... 159
  - 10.3.2 过电压保护线路的工作原理 ... 159
- 10.4 低电压及其保护 ... 160
  - 10.4.1 低电压保护电路 ... 160
  - 10.4.2 低电压保护线路的工作原理 ... 161
- 10.5 频率及其保护 ... 161
  - 10.5.1 欠频保护电路 ... 161
  - 10.5.2 欠频保护线路的工作原理 ... 162
- 10.6 发电机内部短路及差动保护 ... 163
  - 10.6.1 发电机内部短路故障的产生及保护指标 ... 163
  - 10.6.2 典型差动保护线路及其工作原理 ... 164
- 10.7 过载及其保护 ... 165
  - 10.7.1 对过载保护的要求 ... 165
  - 10.7.2 过载保护线路及其工作原理 ... 165
- 10.8 电压不平衡及其保护 ... 166
  - 10.8.1 电压不平衡的产生及危害 ... 166
  - 10.8.2 电压不平衡保护线路及其工作原理 ... 167

第11章 典型直升机交流供电系统 ... 168

- 11.1 主电源为直流电源的交流供电系统 ... 168

  11.1.1 交流供电系统的基本原理 ································· 168
  11.1.2 交流供电系统的工作原理 ································· 169
 11.2 主电源为交流电源的交流供电系统 ···························· 169
  11.2.1 主交流供电系统 ·· 170
  11.2.2 辅助交流供电系统 ······································ 175

参考文献 ·· 176

第1章 概 述

直升机供电系统是重要的飞行保障系统，是直升机的空中电站。直升机供电系统的工作正常与否，直接影响到直升机各用电设备的正常工作，不仅影响到飞行训练任务的完成，而且直接威胁飞行安全。

随着现代直升机战术技术性能的提高，应用电能源工作的高科技机载设备越来越多，越来越复杂。并且，现代直升机广泛采用了现代科学技术的新成就，如微电子技术、数字技术及计算机网络等，大量先进的机载设备对直升机供电系统的供电容量、供电品质、可靠性、应急生存能力及自适应能力等方面均提出了新的更高更严格的要求，促进了直升机供电系统的发展。

直升机供电系统经过几十年的发展研究，已由过去单一的低压直流供电系统，逐步转变为大功率，集电机、电气、电子技术于一身，形成综合的、智能化的新型组合供电系统。

直升机电源系统经干线到汇流条，再由配电系统（包括馈电线、配电设备、控制保护设备）按一定的形式将电能传输、分配到各用电设备中。所以，直升机电源系统和输配电系统总称为直升机供电系统。

1.1 直升机电源系统

1.1.1 直升机电源系统的基本组成

直升机电源系统是指直升机上的发电装置及其调节、控制、保护和检测设备。为满足用电设备对电能要求的多样性和供电的可靠性，直升机电源系统由四部分组成，即主电源、辅助电源、应急电源和二次电源。

主电源是直升机正常飞行时，向用电设备提供电能的主要来源。主电源由发动机带动的发电机及调压、控制、保护装置组成。主电源系统决定了直升机供电系统的性质。

发电机由航空发动机直接或间接传动，这种传动方式既可靠又经济。通常一台发动机可传动一台或两台发电机。在多台发动机的直升机上，各发动机所传动的发电机大多是同型号、同容量的，多台发电机构成的主电源系统可靠性更高。

主电源不工作时，直升机上的电能由辅助电源或地面电源供电。通常讲的辅助电源主要指机载辅助电源，有航空蓄电池和辅助动力装置驱动的起动发电机两种。辅助电源有两个作用：一是正常情况下，与直流发电机并联向用电设备供电；二是在特殊情况下（如野外无地面电源保障时），检查设备或起动发动机。

对于直升机地面检查维修以及起动发动机等，应设置地面电源。地面电源由地面电源设备供给，机上应设置地面电源插座、地面电源监控器以及地面电源接触器，以便对地面电源进行控制并且对机上电网进行保护，防止不符合要求的地面电源接入直升机电网。另外，还要防止地面电源与机上电源并联供电。

应急电源指直升机飞行时，主电源发生故障的情况下用于供电的电源。此时只能向直升机安全和应急着陆所必需的设备供电，因此容量比主电源小得多。常用的应急电源是航空蓄电池。

主电源不可能满足所有用电设备的要求，因此由二次电源将直升机主电源的一部分电能转变为不同电流、不同电压、不同相数的电能。所以，二次电源又称为电能变换器，二次电源设备也是主电源的负载。常用的二次电源设备有变压器、变压整流器、电流互感器、静态变流器及旋转变流机等。

1.1.2 直升机电源系统的基本类型

现代直升机电源系统按照主电源的不同，主要有低压直流电源系统、交流电源系统和混合电源系统 3 种类型。

随着航空事业和科学技术的发展进步，直升机电源系统也是不断发展的。在早期（20世纪 40 年代前）的直升机上，绝大多数直升机上都采用低压直流电源系统（由 6V、12V 发展成 28.5V 的低压直流电源系统），并采用蓄电池作为应急电源。这种低压直流电源系统一直沿用到现在，随着机上设备用电量的增大，飞行高度和速度的提高，自 20 世纪中叶以来，有些直升机上逐渐发展和采用了交流电源系统。目前，交流电源系统已有了长足的发展和广泛的应用。高压直流电源系统是有待发展和完善的电源系统。

1. 低压直流电源系统

低压直流电源系统是指发电机的额定电压为 28.5V，电网额定电压为 27V 的发电系统。低压直流电源系统的主电源由直流起动发电机和调压、控制、保护装置等组成，常用蓄电池作为应急电源，由旋转变流机或静态变流器作为二次电源，把低压直流电变换为交流电。低压直流电源系统的容量取决于发电机的额定功率，有 3kW、4.5kW、4.8kW、6kW、9kW、12kW 等。

现代低压直流电源系统的主电源大多采用直流起动发电机。当直升机发动机未起动时，该电机作为电动机运行，以起动发动机；发动机正常工作后，转为发电机工作向直升机电网供电。这样可以简化设备，减轻重量。起动发电机的设计与制造应具有尽可能小的重量功率比（平均产生 1kW 电功率所需发电机的重量）。精心的设计及研制可获得最小的重量功率比，以便使有关的电、磁、绝缘及机械等所有部件发挥其最大的能力。

低压直流电源系统的主要优点如下：

（1）现代低压直流电源系统大多采用直流起动发电机，这样可以简化设备，减轻重量。

（2）直流电动机与交流电动机相比，直流电动机虽然在结构上比较复杂，但它转速容易调节，转速范围大，起动转矩大。所以，直流电动机的起动、调速性能好。

（3）便于实现多台直流发电机和直流发电机与蓄电池的并联供电。发电机容易实现并联运行，可以使总机容量能得到充分利用，减小用电设备负载变动对供电质量的影响；发电机能直接与蓄电池并联运行，当直流发电机断电时，蓄电池不经转换就可直接对重要设备供电，简单可靠。

（4）在技术上和使用维护上比较简单和成熟。

（5）电压调节和控制比较简单。

但是随着用电设备的增多，特别是交流用电设备的增多，低压直流电源系统的弱点愈显突出，低压直流电源系统的主要缺点如下：

（1）由于直流发电机采用电刷式换向结构和通风冷却，飞行高度和速度受到一定限制。

（2）直流发电机的容量受到重量功率比（kg/kW）的限制，最大功率仅为18kW。

（3）同其他电源相比，在传输相同电功率的情况下，输电线重量大大增加，使得直升机电网重量增加。

（4）在相同转换功率条件下，直流转换为交流的变换设备比交流转换为直流的变换设备重量大，不利于不同种类的电功率变换，而且电能变换设备效率低，直流电能的变换效率往往在60%以下，变换时功率损耗大，设备重量功率比大，一般为10 kg/kW，这样势必将使电能变换设备增多，大大增加直升机电源系统的重量。

近年来，低压直流电源系统在技术上取得了较大的进展。无刷直流发电机、发电机综合控制器、静态变流器等成品研制成功和装机使用，使低压直流电源系统结构更加简单，在可靠性、维护性、性能及重量指标方面都有了较大提高，使其更具有生命力。目前，低压直流电源系统仍然是轻小型和轻型直升机（单通道发电容量不大于12kW）可供选择的最佳电源系统。

2. 混合电源系统

直升机上由直流和交流两种主电源组成的电源系统，称为混合电源系统。混合电源系统是一种过渡类型的电源系统，单靠低压直流电源系统不能满足日益增大的用电量的需要，因此，在低压直流电源系统的基础上加装变频交流发电机，供加温和照明设备用，但其他电气、仪表和电子设备用的交流电仍需由二次电源供给。

混合电源系统的主要优点是：混合电源系统除兼有交流电源系统和低压直流电源系统的优点外，还可减少电功率变换设备，两种形式电源可以相互补偿其缺点。

混合电源系统的主要缺点是：混合电源系统需要两套电源控制保护设备，系统布局复杂，增加了线束安装难度。

混合电源系统主要用在轻型和中型直升机上。目前，我国使用的直升机，采用混合电源系统的有4种形式：一是三台直流发电机并联和一台交流发电机组成的混合电源系统；二是两台直流发电机并联和一台交流发电机组成的混合电源系统；三是一台直流发电机和一台交流发电机组成的混合电源系统；四是两台直流发电机并联和两台交流发电机组成的混合电源系统。

3. 交流电源系统

交流电源系统指主电源是交流发电机的系统，额定电压为115/200V，额定频率为400Hz。由于现代直升机基本上都使用涡轮轴发动机，转速变化范围较小（频率精度基本上在±5%以内），因此可以认为是恒频交流电源系统（或窄变频交流电源系统）。

采用交流电源系统的主要优点如下：

（1）由于交流发电机本身比直流发电机重量轻，结构简单，制造方便，使用寿命长，且没有换向器，特别是无刷交流发电机没有电刷和滑环，工作可靠性大大提高，便于采用油冷却，使电机重量大大减轻。

（2）115V 的额定电压较低压直流电压要高得多，因而大大降低了输电线重量，减重效果明显。

（3）交流电不仅变压方便，而且变流也方便。应用变压器和变压整流器就可以获得不同电压的交流电和直流电。这些功率变换装置由于没有旋转部件和电刷，因而可靠性高、体积小、重量轻（重量功率比 1.5～2kg/kW）、效率高（在 80%以上）。此外，现代直升机一般只有 10%左右的系统功率需要变换成直流电。因此，能量变换中的损失也小。

交流电源系统的主要缺点如下：

（1）交流电源系统的控制比较复杂，特别是并联运行时的控制保护尤为复杂，实现不中断转换供电的技术难度较大。

（2）交流感应发电机起动力矩比直流电动机小，且调速性能差。

（3）重型直升机上，电缆重量仍太大，即使选用 115/200V、400Hz 的恒频交流电源系统，电缆重量仍占发电和配电系统总重量的 60%～70%。

交流电源系统主要用在中型和重型直升机上。

4．高压直流电源系统

高压直流电源系统是一种新型电源系统，其额定电压为 270V。

高压直流电源系统的优点如下：

（1）工作可靠。与交流电源系统相比，高压直流电源系统电子线路简单，工作可靠。

（2）重量轻。高压直流电网比低压直流电网重量轻，也比交流电网轻，即使对于未来采用复合材料的直升机，用双线制直流电网，仍然比 115/200V 三相交流电网重量轻。可见，高压直流电网是最轻的。

（3）连续供电。和低压直流电源系统一样，直流发电机易于并联供电，易于实现不中断供电和余度供电，电源工作可靠，也可以构成互为备用的电路，能够保证向直升机电子设备和计算机连续供电。

（4）节省电能。直升机电子设备都有内部电源，在用交流电源供电时，电子设备的内部电源是降压、整流、滤波和稳定电路的组合，工作效率低。采用高压直流电源后，可以直接用开关稳压电源作为电子设备的内部电源，它的效率约提高 40%，同时，电子设备在较低的温度下工作，寿命也较长。

（5）安全。同样电压下，直流电比 400Hz 交流电对人员更安全。

总之，高压直流电源系统结构简单、可靠性高、维护性好、容易实现不中断供电，能以最低的全周期费用提供高质量的电能，适应机电作动系统和全电直升机的发展，因而它是今后直升机电源系统的发展方向。

1.2　直升机配电系统

配电系统是直升机供电系统的一个重要组成部分，是将电源的电能传输到用电设备的中间环节，与电源系统一起构成直升机供电系统。

配电系统包括汇流条及电路控制装置、电路保护装置等，主要功能是将电功率合理地分配到各级汇流条。配电方式主要由直升机类型及电气系统、用电设备的数目和它们的位置确定。

电源系统将电功率输送到主汇流条和主接触器,由主汇流条和主接触器组成供电中心,配电系统将主汇流条的电功率通过电路控制装置和电路保护装置输送到各级汇流条。直升机供电系统这种配置方式的目的是保证在各种情况下能向用电设备连续和可靠地供电。

1.2.1 对直升机电网的基本技术要求

(1)直升机正常和应急工作状态下,电网应具有将电能从电源传输到用电设备的高度可靠性。

(2)个别电源(发电机)发生故障或导线断开或短路时,电网仍能保持继续工作的能力。并能限制故障的发展,将故障产生的影响限制在最小范围之内。

(3)电网重量轻。

(4)安全和维护方便。

此外,为防止电气设备寄生磁场对无线电电子设备的干扰,某些导线和个别部件要加以屏蔽;为了消除直升机上的静电干扰,直升机各金属部分应有良好的接触,同时安装静电放电器;应用单线制电网的直升机尤其需要良好的电搭铁,在这些直升机上,机体就作为负线,各金属部分之间电接触得很好,就使得负导线中的电压降减小。

1.2.2 电网的线制

在直流供电系统的直升机上,采用单线制和双线制电网。

单线制电网如图 1-1 所示,发电机和用电设备的正端采用导线,直升机的金属壳体作为负极导线。单线制输电就是用一根导线把电流从电源正极送到用电设备,再借用金属机身,使电流回到电源负极。单线制输电的主要优点是节省了导线,减轻了直升机的重量;安装和维护方便。但缺点是当导线绝缘层损坏时,容易与机身相碰而发生短路故障,因而对导线绝缘性提出更高要求。

双线制电网如图 1-2 所示。发电机与用电设备正负端各用一根导线。这样导线与直升机机体接触不会发生短路,因而可靠性比单线制的大。但是在传输功率和电压降相同的条件下,电网重量比单线制的要大。

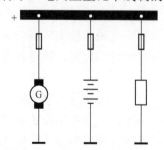
图 1-1 单线制电网原理示意图

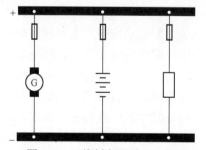
图 1-2 双线制电网原理示意图

在交流供电系统中,有单相和三相两种电网。

单相交流电网有单线制和双线制两种,它们的特点与相应的直流电网的单线制和双线制区别不大,目前用得较多的是以直升机壳体作为第二导线的单线制交流电网。

三相电网是目前直升机上广泛采用的一种电网。三相电网常用的有 3 种接线形式:

以直升机壳体作为中线的三相四线制电网、中线不接地的三相电网以及直升机壳体作为第三相导线的双线电网。目前，直升机上广泛采用的是以直升机壳体为中线的三相四线制电网，特点是在同一电源中可获得两种电压（相电压115V和线电压200V）；连接在各相上的负载力求相等，以保持三相系统的对称。

现在有的直升机上大量采用了复合材料作为直升机构件之后，直升机壳体有可能局部（或较大部分）将不再是金属结构。这样，以直升机壳体作为三相四线制交流电网的中线以及单线制电网中的回线（负导线）将成为不可能。

1.2.3 直升机电网的配电方式

直升机电网需要有组织地按一定的规律，将电能从发电机输送到用电设备，这就是配电。配电方式主要由直升机类型及电气系统、用电设备的数目和它们的位置确定。直升机电网的配电方式有4种，即集中配电、分散配电、混合配电和独立配电。

1. 集中配电

集中配电，就是全部电能从电源传送到唯一的中心配电装置（CDU），然后从中心配电汇流条分配到各个用电设备。如图1-3所示，两台发电机、一个蓄电池和地面电源插座都接到唯一的一条中心配电装置上，然后由它直接将电能送到用电设备。

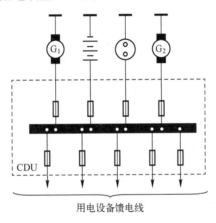

图1-3 集中配电

在集中配电系统中，电源和用电设备馈电线的保护装置、电源的控制和调节装置都集中在中心配电装置上，中心配电装置位于机组人员能直接接近的位置。用电设备的控制装置通常位于相应的功能配电盘和操纵台上。

这种配电方式可以当个别电源发生故障时，只要保护器能及时切除故障电源，用电设备仍能从发电机中获得正常供电，以保证用电设备连续供电；所有用电设备端的馈线电位相等，线路压降只与该设备消耗电流有关，因此适当选择各种用电设备馈电线的截面，在设备的接线柱上，就能够获得该设备要求的任一最佳电压；在电压调节器工作精度范围内，中心配电装置汇流条上的电压保持恒定，调节器的工作线圈直接接在中心配电汇流条上；电网简单，易于检查和排除电网故障。

但是这种配电形式的生命力低，一旦发生短路，中心配电装置汇流条上的所有用电设备均失去了电能供应；中心配电装置集中了所有的开关保护装置，比较复杂和笨重；

由于电源和用电设备电缆导线都要集中到电源汇流条,所以,导线长,电网重量大。集中配电方式比较适合于轻型直升机,这种直升机用电设备和用电量都比较小。直升机上的二次电源往往都采用集中配电方式,以提供质量较高的电能和减小二次电源总重量。

2. 分散配电

分散配电,就是将分散的各个电源的电能相应传送给最近的中心配电装置,再从中心配电装置传输给最近的用电设备和位于机组人员舱的 DU(该 DU 主要给非大功率用电设备供电)以及安装在用电设备集中地方的 DU,如图 1-4 所示。为了增加供电系统的可靠性,所有中心配电装置相互连接起来,可以交叉供电,形成一个整体的配电系统。因此,供电网在许多位置被接通。所以,分散配电又可称为区域配电。分散配电的各汇流条之间互相联系,可以交叉供电,形成一个整体的配电系统。一旦一个区域的电源失效,不能供电时,其他电源仍可向这一区域的用电设备供电。一个区域出现了危及其他区域的短路故障时,则该区域的配电装置可同其他区域的配电装置隔开,以避免局部影响整体。

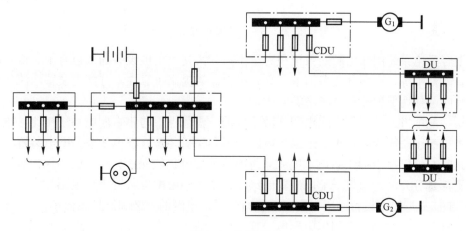

图 1-4 分散配电

这种分散配电可以使得系统能就近供电,线路较短,线路损耗小;由于有几个配电装置,因而提高了对配电装置的供电可靠性,适合于多个电源分散布置和大功率用电设备多的直升机,因此,当供电线断开或汇流条发生多种类型短路时,由于存在数个中心配电装置,显著提高了供电的可靠性;采用具有选择性保护装置的环形电网,从而提高了供电可靠性。分散配电系统在中型或重型直升机上得到了广泛应用。

3. 混合配电

混合配电,就是集中和分散配电方式的综合,如图 1-5 所示。与集中配电系统一样,全部电能从电源传输到中心配电装置,为了减轻电网重量,系统有几个用电设备配电装置汇流条,它由中心配电装置供电,并通过它将电能送到用电设备。中心配电装置汇流条设在离大功率用电设备较近的位置,然后一部分电能从中心配电装置汇流条直接传输给大功率用电设备,其余部分电能传送到分配电装置(DU),再从分配电装置向其他用电设备供电。电源线和某些用电设备的保护装置集中在中心配电装置上,其他用电设备馈线的保护装置集中在相应的分配电装置上。电源的调节和控制借助于机组人员舱中的分配电装置来完成。

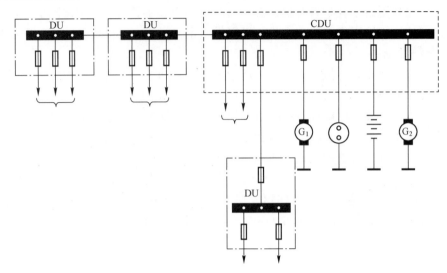

图 1-5　混合配电方式

混合配电系统用在电源的数量和容量不大、大功率用电设备的数量有限、低功率用电设备数量中等、电网分支多的中型直升机上。为提高可靠性，分配电装置汇流条分段使用具有选择性保护装置的多路供电线。

这种配电方式兼有集中配电和分散配电的一些优点，与集中配电系统相比，电网的生命力提高了。因为只要正确地选择电网形式和保护装置，馈电线或分配电装置汇流条上短路时，仅仅使该 DU 断电，电源系统的其他部分仍能保持完整；因为保护装置和转换装置都是分开的，简化了配电装置的结构；由于中心配电装置靠近电源和大功率用电设备，DU 靠近用电设备，所以电网重量减轻了，电网的安装和维护也简单。

这种配电方式的缺点和集中配电一样，电网的生命力不强，一旦中心配电汇流条短路时全部用电设备都失去供电；同时，DU 汇流条的电压不会保持恒定，随同时连接在该 DU 上的用电设备的数量和功率而变化，波动范围大，因而降低了供电质量。

4. 独立配电

独立配电系统的特点是每个电源只对它自己的用电设备供电，仅当该电源出现故障时，这部分设备才转由其他正常工作电源供电，如图 1-6 所示。

由于独立电源系统不将全部电网连通，因而用电设备和电源、电缆的故障只限于本系统内，不会影响到别的配电系统。独立配电系统的配电设备比较简单，电网重量轻，安装和维护方便。但由于各个电网容量小，因而不易起动大功率用电设备，并且大功率用电设备的接通和断开会引起电源电压的明显波动。

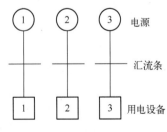

图 1-6　独立配电

第 2 章 直流电源设备

直升机上广泛使用的直流电源设备主要有航空蓄电池和直流起动发电机。航空蓄电池作为辅助电源或应急电源使用，直流起动发电机作为主电源使用。

航空蓄电池是一种化学电源，是化学能与电能相互转化的装置。放电时，将化学能转化为电能，向直升机用电设备供电；充电时，将电能转化为化学能储存起来。它的主要作用是：正常情况下，与直流发电机并联向用电设备供电；特殊情况下（无地面电源），用来起动发动机，还可作为地面通电检查的电源；紧急情况下，当发电机不供电时，作为应急电源向维持飞行所必需的用电设备供电。

航空蓄电池主要由正极板、负极板和电解液组成。航空蓄电池按电解液性质可分为酸性蓄电池和碱性蓄电池；按极板材料可分为铅蓄电池、锌银蓄电池和镉镍蓄电池。常用的酸性蓄电池是铅蓄电池，其电解液是硫酸；常用的碱性蓄电池为锌银蓄电池和镉镍蓄电池，其电解液是氢氧化钾或氢氧化钠的水溶液。

航空蓄电池的牌号一般用"数字-字母-数字"的形式表示，前面的数字表示单体电池串联的个数，后面的数字表示电池的额定容量，单位是安时（A·h）。

直升机的直流发电机一般使用低压直流发电机，它的额定电压为30V，额定电流有100A、160A、200A、300A、600A 等多种，额定容量有 3kW、4.8kW、6kW、9kW、18kW 等。

2.1 铅 蓄 电 池

铅蓄电池也称为铅酸蓄电池，具有电动势大、内电阻小、能适应大电流放电、成本较低等优点。

铅蓄电池正极板的活性物质（参加化学反应的物质）是疏松多孔的二氧化铅（PbO_2）、负极板上的活性物质是铅（Pb）、电解液是硫酸（H_2SO_4）与蒸馏水（H_2O）配制而成的稀硫酸溶液。

2.1.1 工作原理

当正负极板浸入电解液后，两极之间便产生电动势。

1. 电极电位

当金属电极与电解液接触时，两者之间要发生电荷的定向转移，使金属电极和电解液分别带有等量异性的电荷，两者之间形成电位差。这个电位差称为电极电位。

电解质分子在水中能电离成正负离子，正负离子带等量的异性电荷，并在溶液中做不规则运动，电解液呈中性。硫酸在水中电离成带正电的氢离子（H^+）和带负电的硫酸根离子（SO_4^{2-}）。这些离子在水中不断运动，正负离子相碰形成分子（这是化合过程），化合过程与电离过程是可逆的，当分子电离的速度和离子化合的速度相等时，电离达到了动平衡状态。

把金属电极（Pb）置于电解液（H_2SO_4）中，金属电极的正离子受到水极性分子的吸引，会溶解到电解液中（形成硫酸铅），而将电子留在电极上，于是电极带负电，电解液带正电。此时，电极对电解液中的金属正离子有吸引作用，使正离子紧靠在电极表面，形成了双电层。双电层的出现，一方面阻碍了金属离子向电解液中继续转移，另一方面又促使电解液中的金属离子返回到金属电极上去。随着反应过程的进行，金属离子转移到电解液中去的速度逐渐减小，而返回到电极上的速度逐渐增大，最后达到了动态平衡，这样便在电极与电解液之间形成一定的电位差，这就是电极电位。

不仅金属与电解液接触时会产生电极电位，一些气体与电解液接触也会产生电极电位，称为气体电极电位。充足电的铅蓄电池继续充电，会导致水的电解，正极板上附有氢气，负极板上附有氧气，形成气体电极电位，因而使电池的电动势增加。

2. 电动势的产生

当正负极板与电解液接触后，分别产生电极电位。

负极板的有效物质是铅，在水分子的溶解压力作用下，部分铅的正离子 Pb^{2+} 溶解于电解液，电子则留在极板上，形成双电层，其反应式为

$$Pb \rightarrow Pb^{2+} + 2e \tag{2-1}$$

于是，电极带负电，电位低于电解液，电极电位取负值，约为-0.13V。

正极板的有效物质是二氧化铅，它是铅的氧化物，不会出现正离子的溶解，但是会有部分二氧化铅分子溶解于电解液中。这些二氧化铅分子首先与硫酸发生反应，生成高价硫酸铅，其反应式为

$$PbO_2 + 2H_2SO_4 \rightarrow Pb(SO_4)_2 + 2H_2O \tag{2-2}$$

高价硫酸铅能电离成铅的正离子和硫酸根的负离子，即

$$Pb(SO_4)_2 \rightarrow Pb^{4+} + 2SO_4^{2-} \tag{2-3}$$

而后，电解液中的高价铅的正离子就沉淀在正极板上，硫酸根负离子则留在电解液中，两者之间形成双电层。于是，电极带正电，电位高于电解液，电极电位取正值，约为+2V。

因此，单体铅蓄电池的正、负极板之间产生了电动势，其数值为正极板与负极板电极电位之差，即

$$E = 2 - (-0.13) = 2.13V$$

3. 放电原理

当蓄电池的外部负载电路接通时，在电动势作用下，电路中便有电流流过，蓄电池开始放电。在外电路中，电子不断从蓄电池的负极流向正极；在电解液中，正、负离子分别移向负、正极，形成离子电流。放电过程中，正负极上会同时发生一系列的化学反应。

在负极，电子流走时，铅离子即与硫酸根离子化合，生成硫酸铅分子，沉淀于极板表面，其反应式为

$$Pb^{2+}+SO_4^{2-} \rightarrow PbSO_4 \qquad (2-4)$$

在正极，高价铅离子得到两个电子，成为二价铅离子，即

$$Pb^{4+}+2e \rightarrow Pb^{2+} \qquad (2-5)$$

二价铅离子进入电解液，并与硫酸根离子化合，生成硫酸铅分子，沉淀于极板表面，其反应式为

$$Pb^{2+}+SO_4^{2-} \rightarrow PbSO_4 \qquad (2-6)$$

在负极板，电子流向正极的同时，负极继续有铅原子电离，为负极板补充电子，正极继续有二氧化铅分子溶解、电离，为正极板补充正电荷，电动势处于动平衡状态，放电过程得以持续进行，外电路负载中就维持了不间断的电流。

将正、负极的反应式（2-1）~反应式（2-6）合并后，即可得到铅蓄电池放电时的反应式为

$$\underset{\text{负极}}{Pb} + \underset{\text{电解液}}{2H_2SO_4} + \underset{\text{正极}}{PbO_2} \xrightarrow{\text{放电}} \underset{\text{负极}}{PbSO_4} + \underset{\text{电解液}}{2H_2O} + \underset{\text{正极}}{PbSO_4} \qquad (2-7)$$

从反应式（2-7）可见，铅蓄电池放电过程的特点：正极板的二氧化铅和负极板的铅逐渐变成硫酸铅，电解液中的硫酸不断被消耗，水不断增加。因此，电解液的密度逐渐减小，电动势逐渐降低。

4．充电原理

当外电路接有外电源（如直流发电机或整流电源等），且外电源的端电压略高于蓄电池的电动势时，外电源的电能则转变为蓄电池的化学能，储存在蓄电池里。

放电后蓄电池的正、负极板上的硫酸铅分子能溶解于电解液中，并发生电离，即

$$PbSO_4 \rightarrow Pb^{2+}+SO_4^{2-} \qquad (2-8)$$

当接通充电机电路时，充电电流从正极经过蓄电池内部流向负极。于是正极的二价铅离子失去两个电子，成为高价铅离子，即

$$Pb^{2+} \rightarrow Pb^{4+}+2e \qquad (2-9)$$

高价铅离子与电解液作用，发生以下反应

$$Pb^{4+} + 2SO_4^{2-} \rightarrow Pb(SO_4)_2 \qquad (2-10)$$

而后

$$Pb(SO_4)_2 + 2H_2O \rightarrow PbO_2 + 2H_2SO_4 \qquad (2-11)$$

生成的二氧化铅沉积在正极板上。

负极处的铅离子在电极上获得两个电子，还原成铅，并沉积在负极板上，其反应式为

$$Pb^{2+}+2e \rightarrow Pb \qquad (2-12)$$

将反应式（2-8）~反应式（2-12）合并，得到铅蓄电池充电时的化学反应式为

$$\underset{\text{负极}}{PbSO_4} + \underset{\text{电解液}}{2H_2O} + \underset{\text{正极}}{PbSO_4} \xrightarrow{\text{充电}} \underset{\text{负极}}{Pb} + \underset{\text{电解液}}{2H_2SO_4} + \underset{\text{正极}}{PbO_2} \qquad (2-13)$$

从反应式（2-13）可见，铅蓄电池充电过程的特点是：正、负极板上的硫酸铅逐渐

还原成二氧化铅和铅，电解液中的水不断减少，硫酸不断增加。因此，电解液密度逐渐增大，电动势逐渐升高。

将铅蓄电池充、放电的反应式加以比较，可以看出它们是一对可逆的化学反应。通常将充、放电时的化学反应式写成如下综合式：

$$\underset{\text{负极}}{Pb} + \underset{\text{电解液}}{2H_2SO_4} + \underset{\text{正极}}{PbO_2} \underset{\text{充电}}{\overset{\text{放电}}{\rightleftharpoons}} \underset{\text{负极}}{PbSO_4} + \underset{\text{电解液}}{2H_2O} + \underset{\text{正极}}{PbSO_4} \qquad (2-14)$$

2.1.2 放电特性

蓄电池的放电特性主要指放电过程中，蓄电池的电动势、内电阻、端电压和容量的变化规律。

1. 电动势

铅蓄电池电动势的大小，主要取决于电解液的密度 d (g/cm³)，而与极板上活性物质的多少无关。当电解液的温度为15℃，密度在1.05～1.30g/cm³范围内变化时，单体电池电动势的数值可由下面经验公式表示：

$$E = 0.84 + d \text{ (V)} \qquad (2-15)$$

铅蓄电池放电时，随着电解液密度的减小，它的电动势逐渐下降；相反，充电时，它的电动势逐渐上升。

铅蓄电池在充放电过程中，化学反应主要是在极板的孔隙内进行。孔隙内、外电解液的密度往往并不完全相同。放电时，孔隙内的电解液密度比外面要小，充电时则相反。决定电动势数值的是孔隙内的电解液密度。因此，在应用上述经验公式时，只有在充、放电结束并放置一段时间后，再测出其密度值才比较准确。

2. 内电阻

蓄电池的内电阻是衡量蓄电池特性的一个重要参数，主要包括极板电阻、电解液电阻以及极板和电解液之间的接触电阻。

极板本身电阻一般都很小，但在放电过程中，导电性能很差的硫酸铅附着在极板上以后，将使极板电阻逐渐增大，特别是在极板出现硬化时，导电性能更差的大颗粒硫酸铅将覆盖极板，使极板电阻大为增加。

电解液的电阻随正、负极板间的距离减小而减小。当极板距离一定时，电解液的电阻与其温度和密度有关。在密度一定时，温度升高，电阻减小；在温度一定时，密度降低，电阻增大。铅蓄电池在放电过程中，电解液的密度降低，因此，内电阻势必随放电而逐渐增大。

极板和电解液的接触电阻由两者的接触面积决定。极板片数多、面积大、孔隙多，则接触面积增大，接触电阻小。在放电过程中，极板表面逐渐被硫酸铅覆盖，特别在极板出现硬化故障时，电解液与极板有效物质接触面积大大减小，因此接触电阻增大。

由上述分析可见，铅蓄电池在放电过程中，内电阻是逐渐增大的。

3. 端电压

铅蓄电池放电时，端电压 U 等于电动势 E 与内压降 IR 之差，即 $U=E-IR$。可见，端电压的变化规律与电动势、内电阻、放电电流是密切相关的。

1）放电电压特性

放电电压特性是指充足电的蓄电池以恒定电流放电时，端电压随时间的变化规律。

铅蓄电池放电时，一方面由于电解液密度下降，电动势降低，使端电压减小；另一方面又由于内电阻增大，内压降增大，使端电压进一步减小。但由于铅蓄电池的内电阻很小，放电过程中引起电压下降的主要原因是电动势的降低。

以额定电流放电时，一个单体铅蓄电池的放电电压特性如图2-1所示。

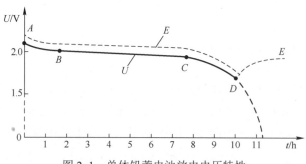

图2-1 单体铅蓄电池放电电压特性

图中，实线表示电压 U 的变化规律，虚线表示电动势 E 的变化规律。从图中可以看出，在放电初期（AB 段）和后期（CD 段），端电压下降快，而在中期（BC 段）下降缓慢。放电电压的上述变化情形，主要是由电动势的变化引起的。

开始放电时，由于极板孔隙内、外电解液密度差很小，电解液扩散很慢，孔隙内硫酸的消耗远大于补充。因此，孔隙内的电解液密度下降较快，电动势和电压就迅速下降，如图中 AB 段所示。

随着放电的继续进行，极板孔隙内外的电解液形成较大的密度差，电解液扩散速度加快，孔隙内消耗的硫酸能够得到比较充足的补充，电解液的消耗和补充接近平衡，孔隙内电解液的密度将随着整个容器内电解液密度下降而缓慢下降，因此电动势和端电压也缓慢下降，如图中 BC 段所示。

放电后期，化学反应逐渐向极板内部深入，电解液扩散路径增长。同时，极板表面沉淀的硫酸铅增加，孔隙入口减小，使扩散通道变窄，甚至使部分孔隙被堵塞，使孔隙内的硫酸得不到相应的补充，密度迅速下降，电动势也随之很快下降。另外，电解液密度迅速下降，而极板表面硫酸铅大量增加，使电池内阻增大，因而端电压下降更加迅速，如图中 CD 段所示。

电压下降到图中 D 点以后，如果继续放电，端电压将迅速降低到零，如图中 D 点后的虚线所示。实际上，D 点以后，蓄电池已失去放电能力，故 D 点所对应的电压称为蓄电池的放电终了电压。蓄电池以额定电流放电时，单体铅蓄电池放电终了电压规定为1.7V。

蓄电池放电到终了电压时，如果继续放电，则为过量放电。过量放电会造成极板硬化，即极板表面生成大量大颗粒的硫酸铅，充电时很难还原，这样会使蓄电池寿命显著缩短。因此蓄电池使用规则中明确规定，任一单体电池电压降到终了电压时，就要停止放电，应送充电站充电，严禁过量放电。

如果到终了电压就停止放电，由于孔隙外硫酸向孔隙内扩散，使孔隙内电解液密度缓慢上升，直到孔隙内、外相等。这时，电动势也缓慢上升到 1.9V 左右，如图中曲线 DE 所示。

2）不同放电条件对放电电压特性的影响

试验证明，不同放电条件，即放电电流、电解液温度、放电方式等都对放电电压有一定影响。

放电电流越大，放电电压下降越快，放电到终了电压的时间越短。如放电电流为7.2A，经 10h 电压下降到终了电压；如果放电电流为 12.6A，则放电到终了电压只有 5h 左右。

蓄电池以同一电流在不同温度下放电时，放电电压特性也不相同。温度越低，电压下降越快，放电时间也越短。因为低温时，电解液黏度大，扩散困难，孔隙内电解液密度下降快，电压下降也快。

放电方式有连续放电和间断放电两种。间断放电时，由于密度比较大的电解液在间断放电时能向极板深处扩散，因此，极板深处的电解液密度就回升，使电压回升，容量也相应增大。所以，放电电流相同时，间断放电的电压下降得慢，放电到终了电压的时间要长。

因此，在使用维护中，要做好蓄电池的保温工作，尽量避免低温条件下放电，尽可能用小电流放电，以及在两次放电之间保持一定的间断时间。这样，可以延缓蓄电池电压下降的速度和增大蓄电池的容量。

4. 容量

蓄电池从充足电状态放电到终了电压时，输出的总电量称为容量。容量是表征蓄电池蓄电能力大小的指标，单位是安时（A·h）。蓄电池容量的大小，由蓄电池参加化学反应的有效物质多少来决定。

如果蓄电池以恒流放电，则容量（Q）等于放电电流（I）和放电到终了电压的时间（t）的乘积，即

$$Q = It \tag{2-16}$$

1）影响蓄电池容量的因素

由蓄电池的放电原理可知，当一个二氧化铅分子、一个铅分子与两个硫酸分子发生化学反应时，就有两个电子通过外电路。因此，蓄电池的容量由参加化学反应的活性物质的多少决定。

从制造上来说，为了提高蓄电池的容量，首先是增加活性物质的数量，其次是增大极板与电解液的接触面积，以增加参与化学反应活性物质的数量。在活性物质一定的情况下，极板多孔性越好，板板组的片数越多，容量越大。在容积一定的条件下，为了增加板板的片数，极板要做得薄些。但是，受机械强度的限制，极板也不能太薄。

已经做好的蓄电池，其容量与放电条件和维护的好坏有关。从放电条件对放电电压的影响可知，在低温、大电流和连续放电的情况下，到终了电压的时间显著缩短，因此，容量也减小，反之，容量增加。蓄电池在不同的放电条件下，所能放出的容量差别很大，为比较蓄电池的容量，规定了一个标准放电条件：电解液温度为20℃、放电电流为额定值、放电方式是连续放电。

如果维护使用不当，使蓄电池过早出现极板硬化、活性物质脱落以及自放电严重等现象，都会造成参加化学反应的活性物质减少，容量相应下降。不过，接近寿命期的蓄

电池，难免出现上述现象，其容量势必减小。

2）额定容量和实有容量

蓄电池的额定容量是制造厂标定的标准容量。不同型号的蓄电池，额定容量是不同的。

实有容量是指蓄电池从充足电后，在标准条件下放电到终了电压时所放出的电量，习惯上蓄电池的实有容量用相对值表示。

$$实有容量（相对值）=\frac{实有容量}{额定容量}\times 100\% \quad (2-17)$$

为使蓄电池能够发挥其应有的作用，维护规程中规定实有容量低于 75% 的直升机上的蓄电池和低于 40% 的地面蓄电池，不能继续使用。

2.1.3 铅蓄电池的构造

各型铅蓄电池的构造大体相同，这里以常用的 12-HK-28 型铅蓄电池为例进行分析。该型蓄电池由 12 个单体蓄电池串联而成。每个单体蓄电池由极板组、隔离板和电解液 3 个主要部分组成。如图 2-2 所示。

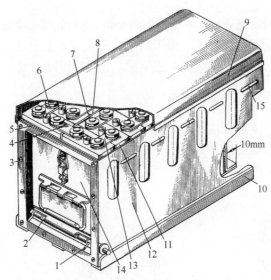

1—销柄；2—销杆；3—螺钉；4—汇流跨接条；5—垫片；6—垫圈；7—螺帽；8—绝缘垫；9—盖子；
10—角板；11—蓄电池；12—蓄电池箱；13—汇流连接条；14—后壁板；15—电解液液面检查口。

图 2-2 铅蓄电池结构图

1. 极板组和隔离板

5 块正极板（棕红色）焊在一个极柱上，组成正极板组；6 块负极板（灰色）焊在另一个极柱上，组成负极板组。正、负极板交错重叠地安放在一起，如图 2-3 所示。极板的活性物质涂抹在铅锑合金栅架上。栅架主要用来增加极板的强度，并可改变其导电性。

多孔性的隔板夹在正、负极板之间，既能防止正、负极板相碰短路，又能让离子通过。隔板有槽的一面对着正极板，以保持正极板周围有充足的电解液。

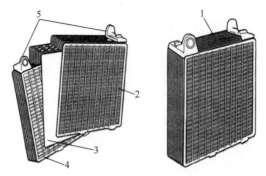

1—极板组总成；2—负极板；3—隔板；4—正极板；5—极板连条。

图 2-3　极板组

极板组顶部装有网状胶片，上部还有护水盖，前者用来防止碰坏极板，后者既便于检查电解液的高度，又可防止电解液溅出。

2. 电解液

电解液由纯硫酸加蒸馏水配制而成。在充足电状态时，电解液密度为 $1.26g/cm^3$。电解液面应高出网状保护胶片 6~8mm。

3. 胶木外壳

胶木外壳由硬橡胶压制而成。内分 12 个小格，12 个相互串联的单体电池分放在小格内。每小格底部有突起的棱形条。极板组就放在棱形条上。这样当极板上的有效物质脱落时，就沉积在棱形条之间的底部，避免正、负极板短路。

4. 通气螺塞

通气螺塞一般用硬橡胶或塑料制成。它既可以防止蓄电池受到振动时电解液溢出、尘土侵入蓄电池内部，并保证内部气体顺利排出，又能防止电解液在直升机做各种机动飞行时向外流出，当蓄电池倾斜到一定程度时，橡皮活门在铅垂重力作用下自动将小孔堵塞。其结构如图 2-4 所示。

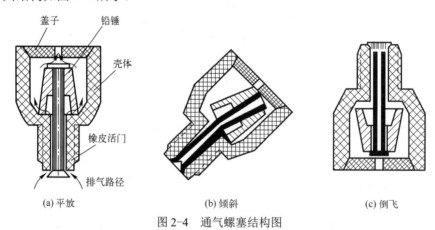

图 2-4　通气螺塞结构图

2.1.4　铅蓄电池的主要故障

1. 自放电

自放电是指放置不用的蓄电池，其容量和电压自动下降的现象。

引起自放电的主要原因是极板上或电解液中存有杂质。杂质微粒在极板与电解液中形成一个短路状态的微电池，结果造成活性物质减少，电解液密度下降，使电压降低，容量减小。其次，铅蓄电池表面如有灰尘、水和电解液存在，使正、负极板之间形成导电通路，也会造成自放电。

一般情况下，极板上和电解液中总会有一些杂质存在，蓄电池表面也不会绝对干净。因此，自放电现象是不可避免的。为了防止自放电加剧，在日常维护中，首先要防止杂质进入蓄电池，如配制电解液时，要选用符合要求的纯硫酸和蒸馏水，并防止尘土进入；其次，要保持蓄电池表面清洁。

2. 极板硬化

一般情况下，铅蓄电池放电时生成的硫酸铅是小颗粒结晶体，并与活性物质相混杂，在充电时容易还原成相应的活性物质。但是，在一定的条件下，这种小颗粒的硫酸铅会变成大颗粒的硫酸铅结晶体，覆盖在极板表面，充电时较难还原，这种现象称为极板的硬化。

极板硬化程度较轻时，只有一些局部区域覆盖大颗粒硫酸铅结晶，呈现一些微白色的斑点。硬化程度严重时，极板表面覆盖着大片白色的大颗粒硫酸铅结晶体。这种大片的大颗粒结晶体会堵塞极板的许多孔隙，严重影响了电解液的扩散。在放电时，它不仅不参加化学反应，还使极板深处的许多活性物质不能参加化学反应。因此，使蓄电池的容量显著减小，放电电压下降也快。

极板硬化的形成过程实质就是硫酸铅的再结晶过程。因此，凡是加速硫酸铅再结晶或使结晶得以持续反复进行的条件都是造成极板硬化的原因。例如，电解液温度的急剧变化、放电后不及时充电或充电不足、极板外露、过量放电等。

消除极板硬化的方法是进行过量充电，即在正常充电后，再以较小的电流继续充电，使硬化的极板慢慢还原为活性物质。但是，要彻底消除极板硬化是十分困难的，许多铅蓄电池提前到达寿命期，往往是极板硬化所致。因此，要按规定正确使用和维护蓄电池，防止极板硬化现象的发生。

3. 活性物质脱落

电解液温度过高，经常以大电流充、放电，以及蓄电池受到猛烈的撞击和振动等，都会造成极板上的活性物质脱落，使蓄电池的容量减小。严重时，如果活性物质脱落太多，沉积到外壳的底部以后，会造成正、负极板出现短路故障。

2.1.5 铅蓄电池的使用与维护

由于航空蓄电池的特殊性，在使用中若不能很好地维护，轻则危害周围的机件和设备，重则影响蓄电池的性能和飞行安全。所以，正确地使用和维护蓄电池是延长蓄电池寿命、充分发挥其供电能力的重要环节，否则将会造成蓄电池的提前报废。因此，在使用维护中必须做到：

（1）使用期或出厂时间超出规定的蓄电池禁止继续使用，使用期或出厂时间虽未超出规定，但实有容量低于规定的蓄电池，说明其供电能力已经不足，不得装机使用。

（2）严格遵守蓄电池的充、放电规定。维护规程中规定，铅蓄电池无论使用与否，每个月应当充电一次，两个月放电一次。

（3）严禁过量放电，以防造成极板硬化，缩短蓄电池寿命，甚至使其报废。

（4）注意检查蓄电池电解液高度不应低于规定值，电解液密度应符合规定。电解液液面高度不足，极板露在空气里，会使极板硬化。为了避免由这一原因造成的硬化，当发现电解液液面高度不够时，应及时将蓄电池送充电站加添同密度的电解液或蒸馏水。加添蒸馏水后要用 2A 的电流充电 30min 以上，使电解液密度均匀。

（5）蓄电池应经常保持清洁。发现蓄电池表面有灰尘和电解液时，应及时擦拭，擦拭先用蘸有苏打水的擦布擦拭一遍，后用清水冲洗干净的擦布擦拭干净。

（6）蓄电池要防晒、防冻。在温度较高的情况下，蓄电池的自放电加快，隔板的腐蚀加快，电解液加速蒸发，使蓄电池使用性能降低。另外，暴晒还会使沥青变软，甚至鼓泡。因此，在夏季，不得将蓄电池放于烈日下暴晒。

蓄电池在低温条件下放电，其电压下降快，并且容量减小。因此，当大气温度低于 $-15℃$ 时，应将铅蓄电池拆下送室内保管，并采取防寒措施。

（7）在搬动蓄电池时，应注意防止振动和撞击。振动和撞击会引起极板上的有效物质脱落，使蓄电池的容量减小，寿命缩短；有效物质脱落过多，沉积在蓄电池底部，还会造成内部短路。因此，搬动蓄电池时，必须轻拿轻放，避免碰撞。

（8）飞行后用手摸蓄电池外壳，温度不应过高，电解液不应有外溢，沥青不应有鼓泡等现象，应及时发现内部短路和充电电压过高等故障。

2.2 镉镍蓄电池

镉镍蓄电池是碱性蓄电池的一种，由于具有能适用大电流放电、自放电小（有的镉镍蓄电池充电后放置半年，仍可输出 70%以上的容量）、低温性能好、结构牢固以及使用维护方便，特别是使用寿命长（有的镉镍蓄电池已能达到使用 300～2000 个充放电循环，使用年限 3～10 年）等优点，因此，在直升机上得到广泛应用。

镉镍蓄电池正极板的活性物质是氢氧化镍（$Ni(OH)_3$），负极板的活性物质主要是镉（Cd），电解液是氢氧化钾（KOH）或氢氧化钠（$NaOH$）的水溶液。

2.2.1 工作原理

镉镍蓄电池在放电时，由于放电电流的通过，正负极板上的有效物质分别同电解液中的钾离子（K^+）和氢氧根离子（OH^-）发生化学反应，而把化学能转化为电能。

在负极板上，镉失去两个电子，并同氢氧根离子化合，生成氢氧化镉（$Cd(OH)_2$），其反应式为

$$Cd + 2OH^- \rightarrow Cd(OH)_2 + 2e \tag{2-18}$$

在正极板上，氢氧化镍得到两个电子，并与钾离子发生化学反应，生成氢氧化亚镍（$Ni(OH)_2$）和氢氧化钾，其反应式为

$$2Ni(OH)_3 + 2K^+ + 2e \rightarrow 2Ni(OH)_2 + 2KOH \tag{2-19}$$

将上列两个反应式合并后，便得到放电时总的反应式为

$$2Ni(OH)_3 + 2KOH + Cd \xrightarrow{放电} 2Ni(OH)_2 + 2KOH + Cd(OH)_2 \tag{2-20}$$

从反应式（2-20）可以看出，镉镍蓄电池放电时，负极板的有效物质镉转化为氢氧

化镉，正极板的有效物质氢氧化镍转化为氢氧化亚镍，而电解液中的氢氧化钾并无消耗。

镉镍蓄电池充电时，通入同放电时方向相反的电流，在正、负极板上引起同放电反应完全相反的化学反应，而把电能转化为化学能。

在负极板上，氢氧化镉得到两个电子，并和钾离子起化学反应，生成镉和氢氧化钾。其反应式为

$$Cd(OH)_2 + 2K^+ + 2e \rightarrow Cd + 2KOH \tag{2-21}$$

在正极板上，氢氧化亚镍失去两个电子，并和氢氧根离子（OH^-）化合生成氢氧化镍。其反应式为

$$2Ni(OH)_2 + 2OH^- \rightarrow 2Ni(OH)_3 + 2e \tag{2-22}$$

将上列两个方程式合并后，便得到充电时总的反应式为

$$2Ni(OH)_2 + 2KOH + Cd(OH)_2 \xrightarrow{充电} 2Ni(OH)_3 + 2KOH + Cd \tag{2-23}$$

从反应式（2-23）可以看出，镉镍蓄电池充电时，负极板恢复为镉，正极板恢复为氢氧化镍，电解液中的氢氧化钾也没有增减。

放电和充电的反应方程写成如下综合表达式：

$$2Ni(OH)_3 + 2KOH + Cd \underset{充电}{\overset{放电}{\rightleftharpoons}} 2Ni(OH)_2 + 2KOH + Cd(OH)_2 \tag{2-24}$$

正极　　　电解液　负极　　　　正极　　　电解液　　负极

镉镍蓄电池在充放电过程中，电解液的密度是基本不变的，这是它和铅蓄电池的重要区别之一。

2.2.2 放电特性

1．电动势

单体镉镍蓄电池的电动势稳定值为 1.34～1.36V。电动势的大小基本不受电解液密度和温度的影响。

2．内电阻

镉镍蓄电池的内电阻包括极板电阻、电解液电阻以及极板和电解液之间的接触电阻。

放电时，极板上生成的氢氧化亚镍和氢氧化镉是导电性很差的化合物，故内电阻逐渐增大。充电时，正负极板分别恢复为氢氧化镍和镉，故内电阻逐渐减小。

电解液的电阻除随温度的升高而减小外，还受密度影响。当温度为 15℃，密度为 1.23～1.26g/cm^3 时，电解液阻值最小。

极板和电解液的接触电阻由两者接触面积决定。极板片数多、面积大、孔隙多，则接触面积增大，接触电阻减小。在放电过程中，接触电阻增大。

镉镍蓄电池内电阻约为 0.0035～0.15Ω，比铅蓄电池大。

3．端电压

1) 放电电压特性

单体镉镍蓄电池的放电电压特性如图 2-5 所示。

刚充足电的镉镍蓄电池，在正极板上除了有氢氧化镍外，还有少量的高价氢氧化镍（$Ni(OH)_4$）存在，它能使正极板的电位提高 0.12V 左右。在负极板上，除了镉以外，还有铁，它会使负极的电位降低。因此，刚充足电的单体电池的端电压可达 1.48V，相当

于图中的 a 点。

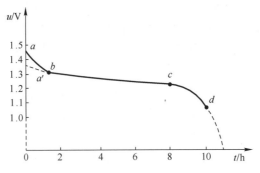

图 2-5 单体镉镍蓄电池放电电压特性

放电初期,少量的高价氢氧化镍很快被消耗掉,铁也逐渐生成氢氧化亚铁,因此电压迅速下降到 1.3V 左右,如图中 ab 段所示。高价氢氧化镍是一种不稳定的化合物,倘若蓄电池充电后不能立即放电,它也会自行分解,转变成氢氧化镍,经过一定的时间分解完毕,蓄电池端电压会自动降到 a' 点。此时进行放电,电压将沿 a'b 段下降。

曲线 bc 段是蓄电池稳定放电的阶段,由于在放电过程中,正负极板上生成的新物质,不会像铅蓄电池那样"堵塞"电解液进入极板内部的必经的孔道,因而使化学反应能够在较长的时间内稳定地进行。这时,蓄电池的端电压仅随着内阻压降的增加而稍有下降。c 点以后,正负极板生成的氢氧化亚镍和氢氧化镉几乎将极板全部覆盖,电压将迅速降低。单体蓄电池以 10 小时率放电时,终了电压一般选为 1.1V,如图中的 d 点。这时,如果继续放电,电压将立即下降到 0。一般常用放电时间的长短来表示放电电流的大小,称为放电率。例如,10 小时率放电就表示用这样的电流放电,10h 可以放出额定容量。如额定容量为 144A·h 的某蓄电池,10 小时率的放电电流 I_{fd} 为:

$$I_{fd}=144/10=14.4A$$

2)放电电流对电压的影响

和其他类型的蓄电池一样,放电电流的大小也会影响其放电电压特性。放电电流越大,放电电压下降得就越快,放电终了电压也就越低,放电时间也越短。例如镉镍蓄电池的额定放电电流规定为 8h 放电率,终了电压为 1.1V,而用 1 小时率放电则终了电压为 0.5V。

2.2.3 镉镍蓄电池的构造

镉镍蓄电池的构造和铅蓄电池基本相同,也包括极板组、隔离物、壳体等,但它的结构坚固,即使在剧烈振动的情况下,其有效物质也不易脱落。

极板是由有效物质、极板盒及栅架构成。极板盒是用多孔镀镍钢片制成的匣形容器。栅架是用镀镍钢板制成的框架。将充满有效物质的极板盒压入栅架内,就构成一片极板。为了增加容量,每个电池的正、负极板组,都是由两片以上的极板组成,正、负极板交错放置。正极板的有效物质是氢氧化镍,其导电性不够好,为了改善其导电性,常在其中加入适量的鳞片状石墨或薄镍片。负极板的有效物质以镉粉为主体,约占 85%,另外加入 15% 的铁粉,使镉粉处于分散状态,防止镉粉结块而减小容量。

隔离物用以隔开正负极板，有隔板、隔棒等几种，通常采用硬橡胶隔棒。

壳体由镀镍钢板制成，盖子中间有螺塞，用来注入电解液和通气。正负极板柱从两侧小孔穿出，上有接线帽。

蓄电池型号不同，其构造组成上略有区别，如有的蓄电池带有温度探测器，用来感受充电温度，当温度大于一定值时，发出温度告警信号；有的蓄电池带有电池故障灯（当电池故障、超温或单体电压间不平衡）或电池容量低告警灯（容量<40%）等。

2.2.4 镉镍蓄电池的主要故障

镉镍蓄电池在寿命后期，会出现内部短路故障。造成这类故障的原因，一是隔膜在长期使用中，因强度降低而损坏，造成短路；另外，镉电极的小颗粒结晶在长期充放电循环中逐渐变大，最后形成镉枝，穿透隔膜，造成短路。

镉镍蓄电池也有自放电现象。但自放电造成的容量损失较小，而且自放电先快后慢，经60天后自放电基本停止。

2.2.5 镉镍蓄电池的使用与维护

镉镍蓄电池的使用与维护方法和铅蓄电池基本相同，下面列举几项需要注意的方面：

（1）注意保温和防止日光暴晒。温度过低，蓄电池容量会下降，起动放电时，电压会过低。因此，在气温低于-5℃时，一般应将镉镍蓄电池从直升机上拆下送室内保管，并要采取防寒措施，严防电解液冻结，损坏蓄电池。

（2）严禁镉镍蓄电池与铅蓄电池同室存放，以避免铅蓄电池的硫酸蒸气同镉镍蓄电池内的碱性中和，造成电解液变质而使容量下降。

（3）蓄电池组的涂漆钢板箱体不应有明显变形或损坏，箱内固定的塑料侧板不应脱出，单格蓄电池的正负极连接要正确牢靠，箱内应清洁。

（4）箱内温度探测器的固定应牢靠，导线连接应完好。

2.3 直流起动发电机

2.3.1 功用

航空直流起动发电机是利用电机的可逆性，把电动机和发电机统一在一起，通过传动装置实现一机两用，即在起动状态时，作电动机使用，把电能转化为机械能，带动发动机转子转动；起动结束后，作为发电机使用，把发动机转子的部分机械能转变为电能，向机上用电设备供电。

2.3.2 工作原理

1. 起动发电机在发电机状态

起动发电机工作在发电机状态时，由发动机带转，利用导体在磁场中切割磁力线运动时，导体中便产生感应电动势而工作。

首先分析一个简单的物理模型，如图2-6所示。在两个固定的永久磁极N、S之间，有一个铁制的圆柱体（称为电枢铁芯）。电枢铁芯与磁极之间的间隙称为气隙，电枢铁芯可以在气隙中自由转动。铁芯上绕置线圈abcd，称为电枢绕组；线圈首、末端分别连接到两片圆弧形的铜片（称为换向片）上，换向片固定于转轴上，换向片之间以及换向片与转轴之间都相互绝缘。这种由换向片构成的整体称为换向器，整个转动部分称为电枢。为了接通电枢和外电路，设置了两个在空间不动的电刷A和B。当电枢转动时，电刷A只能与转到上面的一片换向片相接触，电刷B只能与下面的一片换向片相接触。

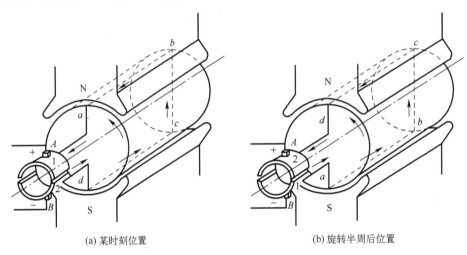

(a) 某时刻位置　　　　　　　　　(b) 旋转半周后位置

图2-6　起动发电机的发电机状态物理模型

当原动机以恒定转速n拖动电枢沿逆时针方向转动时，磁极极面下长为l的电枢导体ab、cd将以线速度v切割磁力线。根据法拉第电磁感应定律，线圈中感应电动势的大小为$e=Blv$，其方向与导体所处极面下的磁场极性以及电枢的转向有关。根据右手定则，在图2-6（a）瞬间，线圈电动势方向为$d \to c \to b \to a$；当电枢转动到图2-6（b）位置时，线圈电动势方向变成$a \to b \to c \to d$。可见，电枢线圈中感应电动势是一个交流电动势。由于电刷A通过换向器总是与位于N极面下的导体相接通，电刷B则总是与位于S极面下的导体接通，因此，电刷A始终为"+"极性，电刷B始终为"-"极性，从而在电刷A、B间获得直流电动势。或者说，经过旋转换向器和固定电刷间的"整流"作用，将电枢线圈中的交流电动势转变成电刷间的直流电动势。这就是直流发电机的工作原理。

直流发电机的电动势是因导体切割磁力线而产生的，故两电刷间电动势E的大小，就与发电机的转速n以及每极磁通ϕ的乘积成正比，即$E=C_e \phi n$，式中，C_e是与电机结构有关的常数。

2. 起动发电机在电动机状态

起动发电机工作在电动机状态时，由地面电源或机上蓄电池供电，它利用通电线圈在磁场中受力，并通过换向片和电刷的换接作用，使转子线圈产生方向不变的电磁转矩，而使转子（电枢）转动。

若把上述电机模型作为直流电动机模型，如图2-7所示，将外电源从电刷A、B引入直流电流，使电流从正极电刷A流入，由负极电刷B流出。此时，线圈中将有流向为

$a \rightarrow b \rightarrow c \rightarrow d$ 的电流。根据左手定则，导体 ab、cd 将受到电磁力 $F=BIl$ 作用，两个力对轴形成逆时针方向的电磁转矩使电枢转动。一旦导体 cd 进入 N 极面区、ab 进入 S 极面区，由于电刷和换向片的作用，线圈中电流方向变为 $d \rightarrow c \rightarrow b \rightarrow a$，导体 ab、cd 受力及其产生的电磁转矩仍为逆时针方向，电枢继续转动。直流电动机的电枢实际上是由许多线圈组成的，这些线圈产生的电磁转矩驱动电枢旋转，带动转轴上的机械负载。

由于电磁转矩是由电枢电流和磁极磁通相互作用而产生的，所以，在结构一定时，电枢电流越大，电磁转矩越大；磁通越大，电磁转矩也越大。

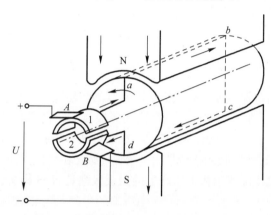

图 2-7 起动发电机的电动机状态物理模型

3. 直流电机的可逆性

从以上对直流发电机和直流电动机的分析可以看出，一台直流电机既可作为发电机运行，也可以作为电动机运行，只是外界条件不同而已。当直流发电机的电刷间接入负载电阻后，感应电动势将在外负载电阻与电枢绕组构成的回路中产生电流，电枢导体中的电流与感应电动势方向一致。所以，感应电动势是电动势源，体现着发电机的特点；同时带电流电枢导体在磁场中会受到电磁力作用，产生与电枢转向相反的电磁转矩，阻碍转动，原动转矩克服电磁转矩做功，将机械能转换成电能。

当直流电动机与电源接通后，流过电流的电枢导体将产生电磁转矩驱动电枢旋转，电磁转矩是原动转矩，表现出电动机的特点。但是，转动的导体切割磁力线会感应电动势，其方向与导体电流的流向相反，称为反电动势，外电源电压克服反电动势送入电流而做功，从而将电能转换成机械能。

总之，外部输入机械能时，直流电机处于发电机状态，对外显示原电动势产生电流输出，同时还隐含着电磁阻转矩；外部输入电能时，直流电机处于电动机状态，对外显示电磁转矩驱动电枢旋转，同时还隐含着反电动势。所以，发电机作用和电动机作用同时存在于直流电机这个统一体中，当外界条件改变时，电机表现出相应的外观特点。因此，严格地说发电机与电动机是电机的两种不同运行状态，此即直流电机的可逆原理。

2.3.3 起动发电机原理电路

直升机上常用的一种典型的四极复激起动发电机，如图 2-8 所示。

这种起动发电机当处于发电状态时，设计在 8000～12100r/min 的转速范围内，以

23

160A 的连续工作提供 4.8kW 的输出功率,该起动发电机为自冷起动发电机,内置射频滤波器,该起动发电机安装在发动机功率输出端,其原理电路如图 2-9 所示。

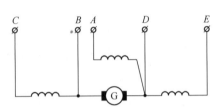

图 2-8　起动发电机　　　　　　　　图 2-9　起动发电机原理电路

定子主磁极上绕有并激线圈(和电枢线圈并联的激磁线圈)和起动串激线圈(和电枢线圈串联的激磁线圈),在换向磁极上绕有换向磁极线圈。它们的出线端通过绝缘防护装置连接在接线柱上,定子的 3 个出线端 E、B、C 通过波形垫圈与接线板的接线柱连接,另外两个出线端 A、D 通过垫圈接到接线柱上。激磁绕组是由一定安匝数的各预制线圈组成,绕组的连线方式使线圈电流在磁极上所产生的磁极极性是 N、S 极交错的,如图 2-10 所示。

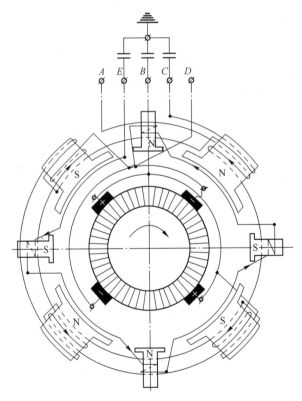

图 2-10　起动发电机激磁绕组与接线

当作为发电机使用时,电机向外供电,供电电流由正电刷、B 接线柱、经负载回发电机 E 接线柱,再经换向磁极线圈回发电机的负电刷。并激线圈的激磁电流由 B 接线柱经调压保护器到起动发电机的 A 接线柱，经并激线圈回发电机负电刷。这时，起动发电机 C 接线柱与电源是断开的，串激线圈不通电。

当作为电动机使用时，电源向电机供电，电流由 C 接线柱经串激线圈、电枢、换向磁极线圈和 E 接线柱回电源负线。起动发电机的 B 接线柱此时是与电源断开的，并激线圈不通电。起动过程中转换为串激式。

2.3.4 起动发电机的结构

起动发电机的基本结构如图 2-11 所示。

（1）定子组件。激磁绕组有合适的绝缘，紧密地安装在磁极上，绝缘用螺栓固定。磁极的表面受电枢旋转所引起的变动磁场的影响，要产生感应电动势，在磁极表面产生涡流，磁极为叠片结构，将薄的软铁片氧化处理以相互绝缘，从而使涡流回路具有高电阻。

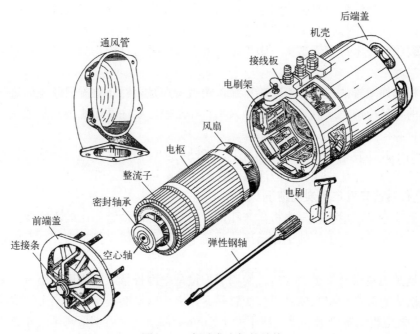

图 2-11 起动发电机的结构

（2）电枢组件。电枢组件由电枢装配轴、电枢铁芯、电枢绕组、换向器和轴承组成。电枢绕组由多个相同的线圈组成，这些线圈由铜条制成，嵌放在电枢铁芯的槽中。

（3）端盖组件。端盖组件用螺钉和止动垫圈固定在定子两端，并装有轴承。驱动侧的端盖组件把发电机安装在发动机上，并用一个定位销定位，端盖上装有网罩，冷却空气从网孔中排出。换向器侧的端盖组件安装电刷组件，用弹簧压装在换向器上，包括刷盒和弹簧。可卸下盖在端盖上的防护组件来检查或更换电刷。有效换向的基本条件是每个换向片与电刷的接触面积应得到保证，为此在刷握上安装 4 个电刷。刷盒两端是开口的，其内表面经机械加工到电刷尺寸，要稍有间隙，使电刷能自由滑动而不倾斜或摇晃。电刷与换向器间的接触要靠固定在刷握柱上的可调弹簧的压力保持。为使弹簧不受电流的影响，通常将弹簧的一端安装绝缘垫。

（4）弹性钢轴。电枢空心轴内装有弹性钢轴。弹性钢轴前端的锥形部分依靠轴键与空心轴相结合，在发动机转速剧变时，弹性钢轴可以起缓冲作用。

（5）通风管。通风管用螺杆固定在前罩上。在通风管和前罩之间装有硬铝环，使通风管和前罩的结合严密。

2.3.5 起动发电机的检查

1. 外部检查

起动发电机外部是否良好，可从固定是否牢靠、连接是否正确和牢靠、是否完整无损、是否清洁等方面来检查，具体有以下几项：

（1）检查起动发电机后端盖上的凸边是否完全卡入固定卡箍槽内，固定卡箍的两个固定螺杆是否牢靠，固定螺杆的止退垫圈是否良好。

（2）检查起动发电机导线固定卡和负极搭铁线的固定是否牢靠，并顺着导线查看到接线盒处，检查接线盒的安装固定是否正确牢靠，锁紧丝是否打好拉紧。

（3）检查防护带是否完整，安装是否正确，固定是否牢靠。特别注意查看螺钉和铆接处有无裂纹、胶木片有无破损。防护带上的保险丝是否打得正确，是否拉紧，有无断丝现象。

（4）检查通风管的固定是否正确牢靠，进气管口是否对正直升机蒙皮的进气口，以保证电机的通风冷却。通风管内应无外来物。在雨季，要注意防止雨水从通风管流入起动发电机。

（5）由于起动发电机安装在发动机上，发动机各种油脂（红油、滑油等）容易浸入起动发电机内部。因此，检查时应注意查看起动发电机内部是否进油。

2. 飞行后检查发电机炭粉情况

飞行后检查时，用手摸发电机排气孔，炭粉量与上次检查相比较不应明显增多，以判明炭刷、整流子和轴承等的工作情况。炭粉中除可能有极少量铜末外，不应有其他金属粉屑。

炭粉量是由炭刷磨损量决定的。炭刷磨损量是电磨损量（由炭刷、整流子之间的火花和电弧造成的磨损）和机械磨损量的总和。其中，以电磨损量为主。正常情况下，每飞行 50h，发电机的炭刷磨损量一般不大于 1mm，每次飞行后积聚在排气孔处的炭粉是微量的。因此，若发现炭粉大量增加，说明炭刷磨损严重，需要做进一步检查；如果发现手上有金属粉末，说明发电机内部机械部位有磨损现象，也要做进一步检查。

为了便于比较，每次检查炭粉情况，必须在同一排气孔，检查完毕，擦去炭粉。

3. 换向装置的检查

（1）检查整流子。要求整流子表面应当清洁、光滑，并有微褐色的金属光泽，不应当有油垢、积炭、烧伤、划伤和凹凸不平等现象。整流片间应清洁，云母绝缘片必须低于整流片。

如果整流子表面有油污或积炭，可用布条蘸航空汽油擦净；如果整流子表面有较严重的烧伤或机械损伤，可用与整流子同宽的玻璃砂纸打磨；若伤痕较深或烧伤程度严重，应拆下起动发电机送内场用车床加工修理整流子。如果整流片间有炭粉，可用压缩空气吹净；若吹不净，则可用软木片剔出。

发电机和电动机都禁止在电机通电时擦洗整流子。因为在电机通电时，炭刷和整流子处有火花，此时进行擦洗，容易引起火灾。

（2）检查炭刷。对炭刷的要求是：清洁、完整，没有变质、变色和破裂现象；在刷握内上下移动必须灵活，左右、前后推动应不晃动；炭刷工作面（与整流子接触面）应占整个面积的75%以上，且没有明显的划痕、掉块和缺角等；炭刷导线应无松动和断丝，绝缘套不应当有磨损和松散现象；炭刷应高出炭刷架，其高度可用直尺或卡尺来测量。测量炭刷高度时，要以炭刷最高的一边为准。

炭刷不清洁，可用干净擦布擦净。炭刷受潮以后，可以在阳光下晾晒，一般不要烘烤，如果需要烘烤时，则烘烤温度不得超过80℃。严禁用汽油等溶剂清洗炭刷，如若用汽油清洗或烘烤温度过高，会使有机化合物溶解和挥发，造成炭刷变质。

取下炭刷时，应给炭刷编上号，以防安装时炭刷移位。编号从接线盒旁的炭刷开始，按照电枢转动的方向逐个进行。

（3）检查炭刷架组合件。要求刷握固定良好，无变形；炭刷弹簧无锈蚀，无变形，固定牢靠，保险良好，且端正地压在炭刷上，压力合乎规定。炭刷弹簧上有轻微锈蚀，可用砂纸将锈蚀除掉，若锈蚀严重或变形，应更换同型号炭刷弹簧。

2.4 整流装置

2.4.1 功用

整流装置的功用是将交流电转换为直流电，向无线电通信、雷达、航行驾驶设备、控制与保护装置、信号装置及直流电动机等直流电设备供电。

2.4.2 组成结构

直升机上应用的某型整流装置外形和结构如图2-12所示，其组成主要包括以下几个部分：把200V交流电压变换成所需电压的变压器、把交流电变换成直流电的整流电路、输入和输出滤波电路、冷却风扇等。这些部件全部被固定在两个环状的铸件板上并用螺栓拉紧，其外部套上外壳罩盖，成为一个完整的设备。

图2-12 某型整流装置

（1）变压器：变压器是三相的，使用E形截面铁芯，其原边绕组接成星形，副边绕组接成三角形。

（2）整流电路。主要是二极管，由二极管组成桥式整流电路，将交流电整流成直流电。

（3）输入和输出滤波电路。均由电容器和扼流圈组成。输入滤波器用于抑制来自输入端交流电杂波的干扰；输出滤波器用于减小输出端直流脉冲干扰，使输出的电压波形平滑。扼流圈有两个螺旋形铁芯，铁芯用箍紧固，铁芯外绕有绕线。

（4）冷却风扇。是三相异步电动机驱动的电风扇，供装置吹风冷却用，通风效果好且可以减轻变压器重量。冷却气流的方向标在前面盖板上。

2.4.3 工作原理

变压器原边接 200V、400Hz 的三相交流电，副边绕组与整流二极管相连。为便于分析仅取一相电路，整流电路如图 2-13 所示。

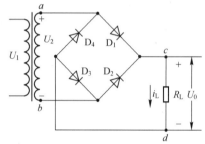

变压器原边加上交流电压 U_1 时，设变压器副边的电压为 $U_2 = \sqrt{2}U_1\sin\omega t$。当 U_2 为正半周时，由于 a 端为正，b 端为负，故二极管 D_1 和 D_3 受到正向电压作用而导通，D_2 和 D_4 承受反向电压而截止，这时电流的流通线路为 $a \rightarrow D_1 \rightarrow c \rightarrow R_L \rightarrow d \rightarrow D_3 \rightarrow b$。

负载上的电流由 c 指向 d，即 c 正 d 负。当 U_2 为负半周时，a 端为负，b 端为正，所以二极管 D_2 和 D_4 受到正向电压作用而导通，D_1 和 D_3 承受反向

图 2-13 单相桥式整流电路

电压而截止，这时电流的流通线路为 $b \rightarrow D_2 \rightarrow R_L \rightarrow D_4 \rightarrow a$，负载上的电流仍由 c 指向 d。

在以后每个半周期内，将重复上述过程，4 个二极管中将两个两个地轮流导通，轮流截止，因此在整个周期内，负载电阻 R_L 上均有电流流过，而且始终是一个方向，即都是从负载的上端流向下端。负载电阻 R_L 上流经的电流 i_L 波形如图 2-14 所示。这样即可初步在负载上得到直流电。

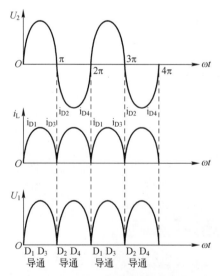

图 2-14 单相桥式整流电路波形图

三相电路同时工作的情形与上述相似，但它们的输出电压相位相差 $\pi/6$，并且由于均衡电抗器的接入，使其感应电动势抵偿了相间的电位差，因此输出波形更趋平稳。

扼流圈和电容配合起滤波作用，当电流增加时，由电感线圈把能量储存起来，当电流减小时，又把能量释放出来，保证负载电流趋向平滑。当电压升高或降低时，由电容将负载电压平波，从而可得到较平稳的直流电压，这样经电感线圈和电容的滤波即可得到较好品质的直流电。

第 3 章 直流电压调节装置

由航空电机学知识可知，直流发电机的端电压 $U=C_e\phi n-I_aR_a$，在直升机直流发电机的转速和负载的全部变化范围内，端电压的变化是很大的，如果不加以调节，端电压值可能达到额定值的几倍以上，这是用电设备难以承受的。因此，为使直流发电机的端电压不随转速和负载的变化而变化，直流发电机采用电压调节装置来自动调节发电机的电压，以维持电压在恒定值上。

电压调节装置的执行机构采用串接于发电机激磁回路中的可变电阻，通过改变电阻的大小，借以改变激磁电流，使激磁磁通发生变化，从而达到调节发电机电压的目的。

根据改变激磁电流的方式不同，直升机主要应用两种类型的调压装置：炭片式电压调节器和晶体管式电压调节器，原理电路分别如图 3-1 所示。

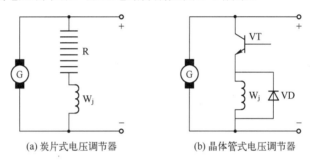

(a) 炭片式电压调节器　　(b) 晶体管式电压调节器

图 3-1　调压器原理电路

3.1　炭片式调压器

3.1.1　组成

炭片式调压器由炭柱、电磁铁和衔铁弹簧组合件等主要部件组成，其外形如图 3-2 所示。

1. 炭柱

炭柱由数十片炭片叠成，一端与衔铁弹簧组合件上的炭质接点接触，另一端由调整螺钉定位，调整螺钉的内侧固定着另一个炭质接点，衔铁弹簧组合件将炭柱紧压在两个炭质触点之间。炭柱电阻是可变化的，炭柱上压力不同，炭柱变形程度则不同，电阻值就不同。压力大，炭片被压紧程度大，炭柱电阻则小；相反，压力小，炭柱电阻则大。正常情况下，炭柱的变形有一个工作范围，在此范围内调压器可正常工作。超出工作范围时，如果炭柱压力太小，炭片完全放松，调整时会将炭片挤碎，电阻值不稳定；如果炭柱压力太大，炭片会被压挤得很紧，造成挤碎或烧结。

炭柱外套有陶瓷圆筒，圆筒外装有铝制散热片，通过合金钢制螺杆固定在支架上。

图 3-2　炭片式调压器

2. 衔铁弹簧组合件

圆盘形的衔铁与弹簧组合件固定在一起。弹簧组合件采用了特殊的六角花瓣形，又叫六角弹簧组件，它由 6 组弹簧片组成，每组由 3 片弹簧片叠成，每片具有相同的一定的弯度，各片之间保持很微小的间隙，如图 3-3 所示。

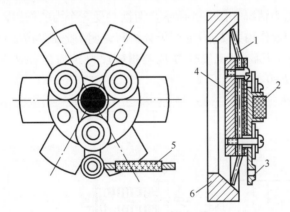

1—弹簧片；2—炭质接点；3—接线片；4—衔铁；5—引出线；6—支承环。

图 3-3　衔铁弹簧组合件

3. 电磁铁

电磁铁由导磁壳体、铁芯和线圈组成。铁芯固定在磁壳体上。在电磁铁内端面处装有铜质磁阻片和铜垫圈，磁阻片用以防止衔铁和铁芯发生"磁粘"，铜垫圈用以调整衔铁与铁芯之间的间隙（工厂装配、修理时用）。线圈绕在骨架上，有工作线圈、均衡线圈和温度补偿线圈 3 层。

此外，炭片调压器的结构还有底座和一些附件，如人工调节电阻、温度补偿装置、弹簧减震器等。

3.1.2 工作原理

炭片调压器的原理电路如图 3-4 所示。

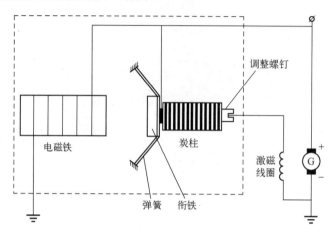

图 3-4 炭片调压器原理电路

当发电机以一定的负载和转速稳定工作时,衔铁停在某一平衡位置不动,炭柱电阻也在某一数值上不变,发电机的激磁电流保持在某一数值,因而电压保持在稳定值上(额定值)。

此时,衔铁的受力情况如图 3-5 所示,衔铁共受 3 个力的作用,即电磁吸力 F_d、弹簧的弹力 F_t、炭柱的反作用力 F_{zh}。为便于分析和说明,把 F_t 与 F_{zh} 这一对力的合力称为机械反力 F_j,则 $F_j=F_t-F_{zh}$,把电磁吸力 F_d 与机械反力 F_j 的合力 ΔF 称为调节作用力。当衔铁受力平衡时,$\Delta F=0$。

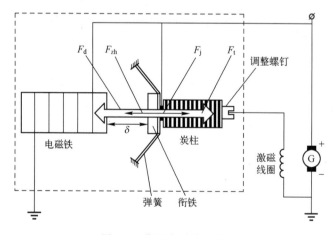

图 3-5 作用在衔铁上的力

假设由于某种原因(如发电机转速升高或负载减小)引起发电机的端电压升高,则加在电磁铁工作线圈上的电压升高,电流增大,电磁吸力增大,使原来电磁吸力与机械反力大小相等的平衡关系被打破,此时衔铁上的调节作用力 $\Delta F=F_d-F_j>0$,衔铁向铁芯方向移动,炭柱放松,电阻增大,由于炭柱串接于发电机激磁回路中,因此激磁电流不断减小,发电机电压逐渐下降。发电机电压的下降又使工作线圈的电流减小,电磁吸力 F_d 减小,使ΔF逐渐减小,当$\Delta F=0$即电磁吸力与机械反力重新相等时,衔铁便停在新的平衡位置,此时,炭柱电阻不再变化,发电机电压被调节到稳定值上。

发电机端电压下降时,调压器的工作过程则与上述过程相反。

3.1.3 调压精度分析

影响炭片调压器调压精度的因素很多,如电磁吸力特性、机械反力特性、工作温度的变化、电磁铁导磁材料的磁滞、摩擦等。这里重点讨论电磁吸力特性与机械反力特性配合对调压精度的影响。

通过对炭片调压器原理分析可知,调压器之所以能将发电机的端电压调节在恒定值,是衔铁上的电磁吸力和机械反力相互作用的结果,电磁吸力和机械反力与衔铁位置的关系分别如图3-6和图3-7所示(δ为衔铁与铁芯的间距,铁芯平面处$\delta=0$)。

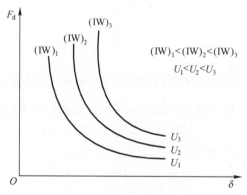

图3-6 电磁吸力特性曲线

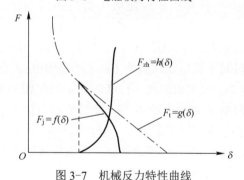

图3-7 机械反力特性曲线

1. 电磁吸力特性

电磁吸力的大小与工作线圈磁势 IW 和间距 δ 两个因素有关,一个确定的磁势值总有一条确定的电磁吸力特性与之对应。电磁吸力特性与发电机电压具有一一对应的关系,因此电磁吸力特性曲线有多条。

2. 机械反力特性

机械反力特性由弹簧弹力特性和炭柱反力特性决定。δ较大,即衔铁远离铁芯时,F_t变化平缓,F_{zh}较大;δ较小时,F_t变化明显,而F_{zh}较小,均是非线性变化规律。

当调压器装配调整好以后，机械反力特性曲线就唯一地确定了，调压器工作时，机械反力特性曲线只有一条，这与电磁吸力特性曲线有多条是不同的。

3. 电磁吸力特性与机械反力特性的配合

电磁吸力 F_d 与机械反力 F_j 是同时作用在衔铁上的。当气隙 δ 改变时，两力要同时变化。为了研究两力同时变化的情况，将两力的特性曲线置于同一坐标系中，如图3-8所示。（图中 $\delta_a \sim \delta_b$ 的距离为衔铁的工作范围）。

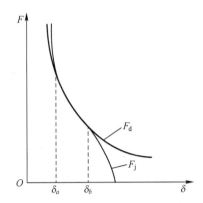

图3-8 电磁吸力特性与机械反力特性的配合

在衔铁工作范围内，机械反力特性曲线和对应给定电压 U_0 的电磁吸力特性曲线有3种配合情况：

（1）两条特性曲线完全重合，如图3-9（a）所示。

（2）机械反力特性曲线斜率大于电磁吸力特性曲线斜率，两曲线在 δ_0 处相交，如图3-9（b）所示。

（3）机械反力特性曲线斜率小于电磁吸力特性曲线斜率，两曲线在 δ_0 处相交，如图3-9（c）所示。

在图3-9中，设发电机的负载电流为 I_{fZ0}，转速为 n_0，衔铁平衡位置为 δ_0，作用在衔铁上的力 $F_{j0}=F_{d0}$，此时发电机电压保持为 U_0，对应图中的 A 点。当发电机的负载电流减小（或转速升高）的瞬间，发电机的电压升高为 U_0'，在这瞬间衔铁由于静惯性的作用，尚未运动，而电磁吸力则由 A 点增大到 B 点，此时机械力仍为 A 点的 F_{j0}，显然电磁吸力大于机械反力，产生了电磁性调节作用力，$\Delta F_d = F_d - F_j$，在该调节作用力的作用下，衔铁开始向铁芯方向运动，气隙 δ 自 δ_0 开始减小，调压器开始了调压过程。

对于图3-9（a），气隙减小时，由于炭柱电阻逐渐增大，发电机电压也开始下降，电磁吸力也逐渐减小，大致沿 BC 线下降，在气隙减小的同时，机械反力将逐渐增大，它沿 AC 线上升。电磁吸力的减小和机械反力的增大使调节作用力逐渐减小。当 F_d 减小到对应的 C 点时，F_j 增大到对应的 C 点，两力重新平衡，调节作用力为零，衔铁停在新的平衡位置 δ_1，发电机电压恢复到原来的电压 U_0。

对于图3-9（b），气隙减小时，由于炭柱电阻逐渐增大，发电机电压也开始下降，电磁吸力也逐渐减小，大致沿 BC 线下降，在气隙减小的同时，机械反力将沿机械特性曲线逐渐增大，它沿 AC 线上升。电磁吸力的减小和机械反力的增大使调节作用力逐渐减小。当 F_d 减小到对应的 C 点时，F_j 增大到对应的 C 点，两力重新平衡，调节作用力为零,衔铁停在新的平衡位置 δ_1',发电机电压并未恢复到原来的电压 U_0,而是稳定在电压 U_1,U_1 略大于 U_0,出现了调压误差。

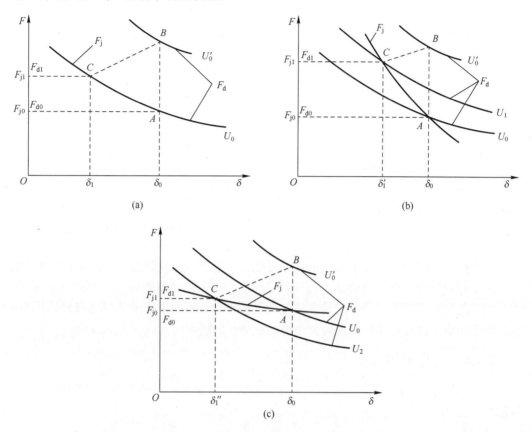

图 3-9 电磁吸力与机械反力的 3 种配合

对于图 3-9(c),气隙减小时,由于炭柱电阻逐渐增大,发电机电压也开始下降,电磁吸力也逐渐减小,大致沿 BC 线下降,在气隙减小的同时,机械反力将沿机械特性曲线逐渐增大,它沿 AC 线上升。电磁吸力的减小和机械反力的增大使调节作用力逐渐减小。当 F_d 减小到对应的 C 点时,F_j 增大到对应的 C 点,两力重新平衡,调节作用力为零,衔铁停在新的平衡位置 δ_1'',发电机电压并未恢复到原来的电压 U_0,而是稳定在电压 U_2,U_2 略小于 U_0,也出现了调压误差。

由上述分析可见,保持发电机电压稳定的条件是调压器的机械反力特性曲线与对应给定电压的电磁吸力特性曲线斜率相等,即两曲线在衔铁工作范围内应完全重合,否则将产生调压误差。

对于图 3-9(b),在衔铁工作范围内,机械反力特性曲线与电磁吸力特性曲线不重合,机械反力特性曲线斜率大于电磁吸力特性曲线斜率。两条曲线的这种配合导致图示的结果,即发电机的电压因负载电流减小或转速升高而升高后,经调压器调节后重新稳定的电压值略高于发电机原来的电压。其实质是炭柱电阻的变化量对发电机电压的影响未能完全补偿由于发电机负载或转速变化所带给发电机电压的影响,呈现欠补偿状态,此种调压器称为具有正差调节的调压器。

对于图 3-9（c），在衔铁工作范围内，两曲线也不重合，机械反力特性曲线斜率小于电磁吸力特性曲线斜率。两条曲线的这种配合导致图示的结果，即发电机电压因负载电流减小或转速升高而升高后，经调压器调节后重新稳定的电压值略低于发电机原来的电压。其实质是炭柱电阻的变化量对发电机电压的影响超出了由于发电机负载或转速变化所带给发电机电压的影响，呈现过补偿状态，此种调压器称为具有负差调节的调压器。

当发电机负载增大或转速降低时的调压过程，读者可自行分析。这种情况下，就调压精度而言，具有正差调节的调压器所调出的电压将略低于原来的发电机电压，而具有负差调节的调压器所调出的电压将略高于原来的发电机电压。

因为炭片调压器与发电机构成一个闭环自动调节系统，作为一个自动调节系统应具有足够的稳定性和足够的精度，首先是系统的稳定性要得到保证，只有系统是稳定的，才能谈及系统的精度。从图 3-9 可以看出，在发电机电压变化量相同的情况下，发电机电压从一个稳定值到另一个稳定值的过渡过程结束后，具有正差调节的调压器衔铁移动范围最小，为 $\delta_0 \sim \delta_1'$；具有无差调节的调压器衔铁移动范围居中，为 $\delta_0 \sim \delta_1$；具有负差调节的调压器衔铁移动范围最大，为 $\delta_0 \sim \delta_1''$。调节过程中衔铁移动量大，意味着发电机在调压过程中激磁电流和端电压的振荡幅度也大，系统的稳定性差。因而，3 种配合的调压器以正差调节的稳定性最好，无差调节的居中，负差调节的最差。因此，实际直升机上装用的炭片调压器都调配成具有正差调节的特性。只要装机前正确选择好调压器的参数和工作点，就可以使正误差的大小符合准确性的要求。

3.1.4　工作电路

炭片调压器有很多种，但其原理基本相同，典型炭片调压器的工作电路如图 3-10 所示。

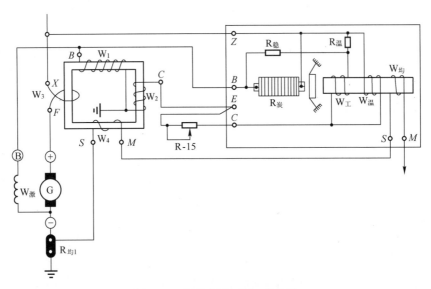

图 3-10　炭片式调压器工作电路

调压器的静态误差主要是由于温度变化引起的，所以要提高调压器的准确性，应加温度补偿装置来抵消温度对调压器的影响，温度补偿装置主要采用温度补偿电阻和温度补偿线圈。

温度补偿电阻 $R_温$ 约为 20Ω，由康铜丝构成，受温度影响后其阻值变化很小，它与电磁铁的工作线圈相串联。由于 $R_温$ 的数值比 $W_工$ 电阻值大得多，受温度影响后，$R_温$ 起主要作用，对 $W_工$ 影响小，其电流变化小，电磁吸力 F_d 的变化小，所以由温度变化引起的误差小，减小了温度对经过 $W_工$ 电流的影响。

由于电磁铁的工作线圈电阻受温度影响后，有时误差不能忽略，光靠温度补偿电阻来补偿还不够，所以并联一个温度补偿线圈 $W_温$。$W_温$ 与工作线圈 $W_工$ 共铁芯，其磁势方向与工作线圈磁势方向相反，当温度变化时，两线圈的阻值都将有所变化，只要两线圈选择适当的参数，便可使两线圈的磁势随温度变化而变化的量相同，铁芯合成磁势的数值将不变，这样发电机的电压就可以不随温度而变化，这样就进一步消除了温度对准确性的影响。

R-15 是人工调整电阻，顺时针拧动，电阻增大，发电机电压升高，反之，发电机电压降低。在直升机上检查电源系统的供电情况时，如果发现发电机电压不在规定的范围内，可以用该电阻进行调整。

$W_均$ 是均衡线圈，与工作线圈绕在同一铁芯上，其作用是：当两台直流发电机采取并联供电时，使两台发电机的负载取得均衡，其具体工作情况在直流发电机并联供电负载分配的均衡性内容中详细介绍。

Z、B、C、S、M 是 5 个接线柱，由这 5 个接线柱接入发电机电路。电路左端口形部分是稳定变压器，它和稳定电阻 $R_稳$ 的作用都是提高调压器的稳定性。其具体工作情况在直流发电机并联供电的稳定性内容中详细介绍。

3.1.5 炭片式调压器的使用与维护

（1）确实保证炭片调压器安装正确，接触可靠。安装炭片调压器之前应擦拭平板上的接触钉和减震板的导电片的接触部分；安装后要判明调压器平板的凸边确实插入了减震板的卡槽里，两个卡子确已卡好。平板的凸边未插入减震板的卡槽或接触钉处不清洁，会造成工作线圈断路、电压失调过高的严重事故，或其他故障。

（2）调压器的线路应连接正确，接触可靠，防止接错，防止松动，防止磨破。炭片调压器的导线不应当靠近散热壳体和拉得过紧，以免导线绝缘层被烤坏和影响减震效果，炭柱调整螺钉的引出线与散热壳体和接线柱应无摩擦，防止发生短路造成电压失调等故障。

（3）在使用过程中，如果发现发电机电压偏离额定值，要对其进行调节。调节的方法是在外场调节座舱内的调压电阻。

（4）如果通过调节调压电阻还不能达到额定范围，可在内场通过调整螺钉进行调节。但这个螺钉只在内场校验时使用，在机上禁止使用。

（5）调压器底端有 5 个接触钉，这 5 个接触钉安装时与机座上的接触钉相互连接，使炭片调压器整个电路接入到调压电路中。这 5 个接触钉一定要清洁，确实保证炭片调压器安装正确，接触可靠。

（6）加强对弹簧减震垫的检查，防止因老化降低减振效果。减震板的减振性能应良好，以免调压器受直升机振动的影响造成调压不稳定。

（7）防止水分、灰尘、脏物、金属屑、保险丝、滑油等物质进入调压器，以免引起短路。

3.2 晶体管式调压器

随着高性能高可靠性的大功率晶体管与集成电路元件的出现，晶体管式调压器得到广泛应用。这种调压器具有稳态精度高（可达±0.5%）、动态性能好、重量轻、体积小、寿命长、工作可靠和维护简便等优点。某型晶体管式调压器如图 3-11 所示。

图 3-11　晶体管式调压器

3.2.1　晶体管对激磁电流的控制

晶体管调压器有很多类型，但它们对于激磁电流的控制原理是相同的，都是利用串接在发电机激磁电路中的功率晶体管实现对激磁电流的控制。为了减小功率晶体管的耗散功率，通常该晶体管都工作在开关状态。

晶体管控制激磁电流的原理电路如图 3-12 所示。晶体管 VT 与直流发电机激磁绕组 W_j 串联，当对晶体管 VT 的基极施加一定频率的脉冲信号时，它就可以工作在开关状态。图中与激磁绕组并联的二极管 VD 为续流二极管，它一方面可以防止晶体管 VT 截止时，激磁绕组 W_j 产生的过高自感电势将晶体管 VT 集射极之间击穿；另一方面，它可以使激磁电流比较平滑。

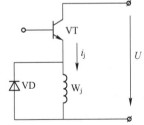

图 3-12　晶体管控制激磁电流的原理电路

在不考虑功率晶体管的饱和压降和穿透电流的理想情况下，可视其为一个开关。在晶体管 VT 导通时，其集射极电阻近似为零，可视为短路；截止时，其集射极电阻很大，可视为开路。因此，晶体管 VT 导通时，立即有电压 U 加在激磁绕组 W_j 的两端，而晶体管 VT 截止时，W_j 两端的电压则立即减小为零。当有控制信号脉冲加在 VT 的基极，使它工作在开关状态时，加在 W_j 两端的电压是矩形的脉冲波，如图 3-13 所示。

假设 VT 的导通时间为 t_t，截止时间为 t_d，则 VT 的开关周期 T 为

$$T=t_t+t_d \tag{3-1}$$

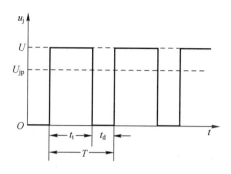

图 3-13 加在激磁绕组两端的电压波形

在一个周期内,对激磁绕组两端的电压取平均值,则电压平均值 U_{jp} 为

$$U_{jp}=U\frac{t_t}{T} \tag{3-2}$$

上式 t_t/T 是 VT 在一个周期里导通时间与开关周期之比,定义为晶体管的导通比,用符号 σ 表示,则

$$U_{jp}=U\sigma \tag{3-3}$$

可见,在电压 U 一定时,加在激磁绕组两端电压平均值 U_{jp} 和晶体管的导通比 σ 成正比。所以,改变晶体管的导通比 σ,就可以改变加在激磁绕组两端的平均电压 U_{jp},于是激磁电流便随着 U_{jp} 的大小而变化。U_{jp} 增大时,流过激磁绕组的电流也增大;U_{jp} 减小时,流过激磁绕组的电流也减小。

在晶体管的控制下,虽然加在激磁绕组两端的电压是矩形脉冲波,但激磁电流由于激磁绕组电感的作用却不是矩形脉冲波,而是按图 3-14 所示变化。

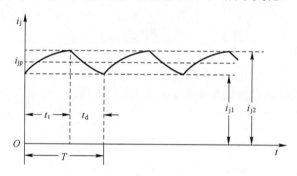

图 3-14 激磁电流波形

由图可见,晶体管导通时,激磁电流由某一数值 i_{j1} 开始按指数规律增大,当晶体管截止时,如果此时刻激磁电流已增大到 i_{j2},则激磁电流将由 i_{j2} 开始按指数规律减小,当它减小到 i_{j1} 时,晶体管又导通,激磁电流又开始按前述情况增大。晶体管不断地导通和截止,激磁电流便在 i_{j1} 和 i_{j2} 之间脉动。通常激磁电流的脉动幅度很小,约几毫安到十几毫安。所以,在晶体管控制下的激磁电流,其变化是比较平稳的。

为了深入理解晶体管调压器调节发电机电压的原理。下面找出脉动的激磁电流与导通比 σ 之间的关系。

首先设如下几个参数:

i_t——晶体管导通时的激磁电流；
i_d——晶体管截止时的激磁电流；
L_j——激磁绕组电感；
R_j——激磁绕组电阻；
$\tau=L_j/R_j$——激磁绕组时间常数。

然后分别列出晶体管导通和截止期间激磁电路的电压平衡方程式，并求解它们。

晶体管导通时激磁电路的电压平衡方程式为

$$i_t R_j + L_j \frac{di_t}{dt} = U$$

或

$$i_t + \tau \frac{di_t}{dt} = \frac{U}{R_j} \tag{3-4}$$

对该方程求解，可得出晶体管导通时激磁电流为

$$i_t = \frac{U}{R_j} - A e^{-\frac{t}{\tau}} \tag{3-5}$$

式中：A 为积分常数。

晶体管截止时，忽略二极管的正向电阻得到激磁电路的电压平衡方程式为

$$i_d - \tau \frac{di_d}{dt} = 0 \tag{3-6}$$

对该方程求解，并令开始截止瞬间为 t_1，则截止时间为 $t-t_1$，可得出晶体管截止时激磁电流为

$$i_d = B e^{-\frac{t-t_1}{\tau}} \tag{3-7}$$

式中：B 为积分常数。

下面根据初始条件确定积分常数 A 和 B。

假设晶体管开始导通时激磁电流为 i_{j1}，如图 3-15 所示。

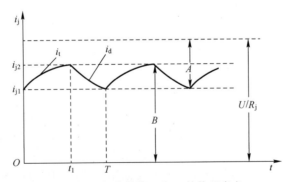

图 3-15 积分常数 A 和 B 的物理意义

则 $i_t(0)=i_{j1}$，将此初始条件代入式（3-5）可得出

$$A = \frac{U}{R_j} - i_{j1} \tag{3-8}$$

假设晶体管在激磁电流增大到 i_{j2} 时开始截止，即 $i_d(t_1)=i_{j2}$，将此初始条件代入式（3-7），得

$$B = i_{j2} \tag{3-9}$$

由式（3-8）和式（3-9）可以看出，积分常数 A 是激磁电流的最大值或稳定值 U/R_j 与晶体管开始导通瞬间的初始电流 i_{j1} 的差值，图 3-15 中已标出。积分常数 B 是晶体管开始截止时的激磁电流值，也在图中标出。

在明确了积分常数 A 和 B 的物理意义后，可以继续深入研究它们与发电机激磁电路有关参数的内在联系。

根据式（3-5）和式（3-7），再考虑如下的边界条件

$$t=t_1 \text{ 时}, \quad i_t(t_1)=i_d(t_1) \tag{3-10}$$

$$t=T \text{ 时}, \quad i_t(0)=i_d(T) \tag{3-11}$$

由式（3-5）、式（3-7）和式（3-10），得

$$\frac{U}{R_j} - A\mathrm{e}^{-\frac{t_1}{\tau}} = B \tag{3-12}$$

由式（3-5）、式（3-7）和式（3-11），得

$$\frac{U}{R_j} - A = B\mathrm{e}^{-\frac{T-t_1}{\tau}} \tag{3-13}$$

将式（3-12）代入式（3-13）并整理，得

$$A = \frac{U}{R_j} \cdot \frac{1-\mathrm{e}^{-\frac{T-t_1}{\tau}}}{1-\mathrm{e}^{-\frac{T}{\tau}}} \tag{3-14}$$

再将式（3-14）代入式（3-12），得

$$B = \frac{U}{R_j} \cdot \frac{1-\mathrm{e}^{-\frac{t_1}{\tau}}}{1-\mathrm{e}^{-\frac{T}{\tau}}} \tag{3-15}$$

令

$$C_A = \frac{1-\mathrm{e}^{-\frac{T-t_1}{\tau}}}{1-\mathrm{e}^{-\frac{T}{\tau}}} \tag{3-16}$$

$$C_B = \frac{1-\mathrm{e}^{-\frac{t_1}{\tau}}}{1-\mathrm{e}^{-\frac{T}{\tau}}} \tag{3-17}$$

则

$$A = C_A \frac{U}{R_j} \tag{3-18}$$

$$B = C_B \frac{U}{R_j} \tag{3-19}$$

由式（3-18）、式（3-19）可见，在电压 U 和激磁绕组电阻 R_j 确定的条件下，积分

常数 A 和 B 的大小与晶体管的导通时间 t_1、开关周期 T 和激磁绕组的时间常数 τ 有关。

将式（3-18）、式（3-19）分别代入式（3-5）、式（3-7），得

$$i_t = \frac{U}{R_j}\left(1 - C_A e^{-\frac{t}{T}}\right) \tag{3-20}$$

$$i_d = \frac{U}{R_j} C_B e^{-\frac{t-t_1}{\tau}} \tag{3-21}$$

根据式（3-20）和式（3-21）可求出激磁电流在晶体管一个开关周期内的平均值为

$$i_{jp} = \frac{1}{T}\left[\int_0^{t_1} i_t \cdot dt + \int_{t_1}^{T} i_d \cdot dt\right] \\ = \frac{U}{R_j} \cdot \frac{t_1}{T} = \frac{U}{R_j} \cdot \sigma \tag{3-22}$$

由式（3-22）可见，在晶体管控制下的脉动的激磁电流平均值与晶体管的导通比 σ 成正比。改变晶体管导通比 σ，将引起积分常数 A 和 B 的变化。如图3-16所示。

当导通比 σ 减小时，积分常数 A 增大，B 减小，i_{j1} 和 i_{j2} 都减小，i_{jp} 也随之减小（图3-16（a））；导通比 σ 增大时，积分常数 A 减小，B 增大，i_{j1} 和 i_{j2} 都增大，i_{jp} 也随之增大（图3-16（b））。

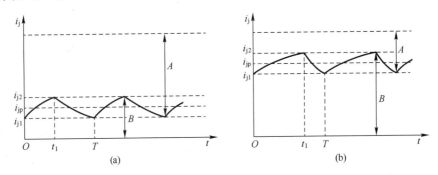

图3-16 导通比改变时，激磁电流的变化曲线

由式（3-22）可知，在晶体管的控制下，激磁电流的平均值 i_{jp} 和晶体管导通比成线性关系。晶体管完全截止时，$i_{jp}=0$；晶体管若完全导通，$i_{jp}=U/R_j$。若导通比在 0 与 1 之间变化时，激磁电流 i_{jp} 将在 $0 \sim U/R_j$ 范围内变化，从而起到调节发电机电压的作用。例如，发电机转速降低或负载增大时，应使导通比 σ 适当增大，以保持发电机电压的稳定；相反，如发电机转速升高或负载减小时，则相应地减小晶体管的导通比。

在晶体管调压器里，激磁电路中晶体管的导通比 σ 是随发电机工作状态的变化而自动改变的。由于在晶体管的控制下，激磁电流是脉动的，因而发电机电压也是脉动的，并且它具有和激磁电流相似的波形。

3.2.2 晶体管调压器的基本类型

目前，晶体管调压器有两种基本类型，即脉冲调宽式和脉冲调频式。

脉冲调宽式晶体管调压器主要由检测比较电路、调制变换电路、整形放大电路、功

率放大电路等组成。调压器与直流发电机组成闭环反馈控制系统。方块图与整形放大电路输出波形如图 3-17 所示。

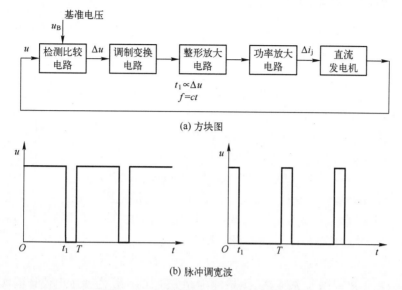

(a) 方块图

(b) 脉冲调宽波

图 3-17 脉冲调宽式晶体管调压器原理

脉冲调宽式调压器的开关频率不变，脉冲宽度随发电机电压与给定值的偏差大小不同而改变。如果发电机电压升高，偏差增大，整形放大电路输出脉宽 t_1 和导通比减小，激磁电流平均值减小，使发电机电压降低。

脉冲调频式晶体管调压器和发电机组成的闭环反馈控制系统方块图及输出波形如图 3-18 所示。脉冲调频式晶体管调压器的振荡器频率随发电机电压与给定值的偏差大小不同而改变，也同样改变脉冲发生器输出电压的导通比，经功率放大器电路放大后，控制发电机的激磁电流。

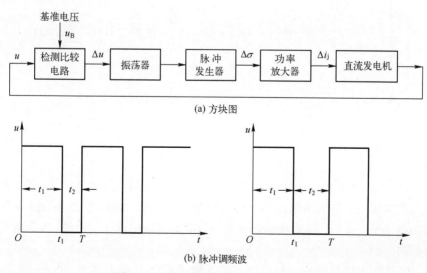

(a) 方块图

(b) 脉冲调频波

图 3-18 脉冲调频式晶体管调压器原理

由于多数晶体管调压器是脉冲调宽式的,下面仅对该类型调压器进行研究。

3.2.3 脉冲调宽型调压器的构成

脉冲调宽型调压器主要由检测比较电路(简称检比电路)、调制变换电路、整形放大电路与激磁控制电路等环节组成。

1. 检测比较电路

检测比较电路检测发电机调节点的电压,并与基准电压进行比较,形成电压偏差信号。因此检测比较电路通常由检测电路和基准电路组成。常用的检测比较电路如图 3-19 所示。

图中电阻 R_1、R_2 和电位计 P 为检测电路,A 点电位随发电机电压变化,它反映了调节点电压的高低。电阻 R_3 和稳压管 Z 组成基准电路,B 点电位被稳压管稳定,提供了一个基准电压。

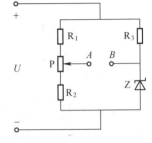

图 3-19 检测比较电路

检测比较电路的输出端为 AB,其输出电压为 U_{AB}。由图可得出检测比较电路的输出特性 $U_{AB}=f(U)$,即

$$U_{AB}=U_A-U_B=K_fU-U_Z \qquad (3-23)$$

式中:$K_f=(R_2+R'_p)/(R_1+R_2+R_p)$ 为检测电路分压比;R'_p 为调压电位计的实际阻值;U_Z 为稳压管提供的基准电压。

2. 调制变换电路

调制变换电路是将直流电压信号变换成具有一定振荡频率的脉冲方波。

调制变换电路主要有 3 种类型:一种是由多谐振荡器构成的变换电路;一种是由锯齿波振荡器构成的变换电路,一种是利用了发电机脉冲电压构成的变换器。图 3-20 所示为两种利用发电机脉冲电压构成的调制变换电路。

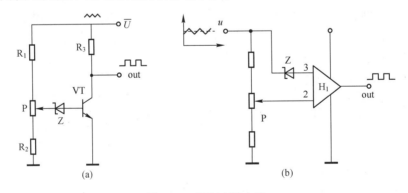

图 3-20 调制变换电路

图 3-20(a)电路主要由电位计 P、稳压管 Z、三极管和电阻组成。电位计 P 用来感受发电机脉动电压,当发电机电压向下脉动到某一数值时,稳压管 Z 封闭,VT 截止,集电极输出高电平,反之,集电极输出低电平。随着发电机电压的脉动,VT 输出一系列近似的矩形波。

图 3-20(b)电路主要由电位计 P、稳压管 Z 和运算放大器 H_1 组成。运算放大器接成比较器。电位计 P 用来感受发电机电压,构成电压信号 U_2。发电机电压被稳压管

稳定后，构成电压信号 U_3，电压 U_3 作为基准电压。当 $U_2<U_3$ 时，运放输出高电位，当 $U_2>U_3$ 时运放输出低电平。这样当发电机电压不断变化时，运放输出端将输出一系列矩形脉冲波。

图 3-20（b）的调制原理如图 3-21 所示。

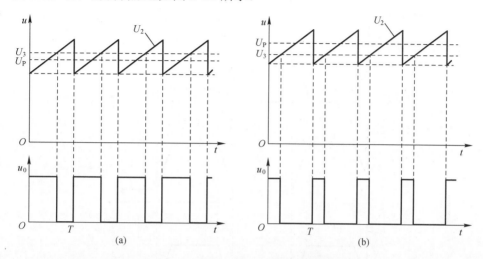

图 3-21 图 3-20（b）电路的调制原理

当直流输入电压的平均值 U_P 较低时，运放输出脉冲方波的宽度较宽，导通比较大；反之当输入直流电压平均值较高时，运放输出脉冲方波的宽度较窄，导通比较小。

3. 整形放大电路

由调制变换电路输出的脉冲波实际是梯形波，必须经过整形才能获得前后沿陡峭的理想矩形波。末级功率晶体管的基极控制信号的波形越是接近理想的矩形波，其开关损耗越小。

整形放大电路是将前级输入的脉冲波进行放大并整形为较理想的矩形波，以减小末级功率晶体管的开关损耗。图 3-22 是为提高晶体管饱和深度的整形放大电路。当向晶体管提供的基极电流远大于饱和基极电流时，就可逐级扩大饱和区，缩小放大区，提高矩形波前、后沿的陡度，通常经过 2～3 级整形电路就可以获得较为理想的矩形波电压。图 3-23 就是采用深度饱和整形电路的整形原理。

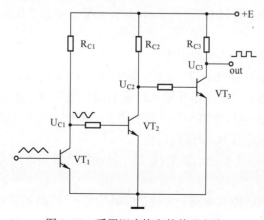

图 3-22 采用深度饱和的整形电路

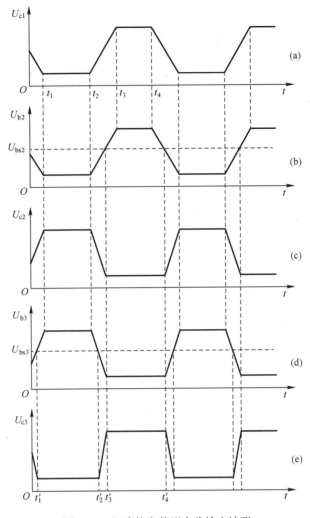

图 3-23 深度饱和整形电路输出波形

3.2.4 晶体管调压器原理电路

晶体管调压器有很多种,但其原理基本相同,某型晶体管调压器的原理电路如图 3-24 所示。

该调压器主要由以下基本电路组成:

(1) 检测比较电路。由 R_{13}、R_{14}、R_{72} 和电位计 P_1 等构成,用来检测发电机电压,并将测得的发电机脉动直流电压信号输入运放 H_1 的"2"端。电阻 R_{10}、稳压管 CR_{14}、二极管 CR_{21} 等构成基准电压电路,并将基准电压信号输入运放 H_1 的"3"端,该信号与检测电路的电压信号在运放 H_1 中进行比较。

(2) 调制变换电路。主要由运放 H_1 组成,将检测比较电路的输入信号调制成脉冲方波,并经电阻 R_7 输出。

(3) 功率放大及激磁控制电路。主要由场效应管 Q_4、晶体管 Q_3、Q_2 和稳压管 CR_8、CR_9、二极管 CR_7、电阻 R_2、R_3 等组成。该电路的主要功能是信号的功率放大和对发电机的激磁电流实施控制。

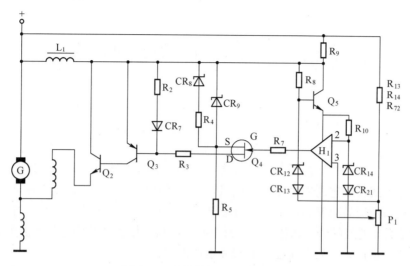

图 3-24　晶体管调压器原理电路

当发电机工作在额定电压状态时，检测比较电路不断检测发电机电压，并经运放 H_1 输出一系列一定频率的脉冲方波，如图 3-21 所示。对应于导通时间 t_1，场效应管 Q_4 导通，电流自发电机正端经晶体管 Q_3 发射极、基极、场效应管 D～S 和电阻 R_5 回地，晶体管 Q_3 导通。该管导通后，为晶体管 Q_2 提供了基极电流，Q_2 导通，则电流自发电机正端经晶体管 Q_2 流入发电机激磁线圈。对应于截止时间 t_2，场效应管截止，因而晶体管 Q_3 和 Q_2 也截止，断开发电机激磁电路。上述过程周而复始，使晶体管 Q_2 以一定频率工作在开关状态，发电机就得到了与 Q_2 导通比 σ 相对应的激磁电流，发电机保持额定电压。

当发电机因转速下降或负载电流增大引起电压降低时，运放 H_1 的输出脉冲方波加宽，使得 Q_4、Q_3 和 Q_2 的导通时间增长，导通比 σ 增大，发电机激磁电流也随之增大，发电机电压上升。当发电机因转速上升或负载电流下降引起电压升高时，调压器的调压过程与上述情况相反，末级功率管 Q_2 的导通比 σ 下降，使发电机激磁电流减小，发电机电压下降。

3.2.5　晶体管调压器的使用与维护

因为晶体管调压器关系到发电机是否能给用电设备提供稳定的工作电压，所以，它是直升机上非常关键的部件。因此应加强对它的检查和维护。

（1）检查调压器的固定情况，插销引出导线束不应妨碍减震装置的工作。

（2）检查插头应连接牢靠，插接到位，防止松动，防止磨破。

（3）检查安装支架是否有裂纹，是否固定牢靠，以免调压器受直升机振动的影响造成调压不稳定。

（4）防止水分、灰尘、脏物、金属屑、保险丝、滑油等物质进入调压器，以免引起短路。

（5）使用过程中应注意电压的调节范围，误差较大时应送内场进行校验和调整。

（6）未经批准不允许分解调压器。

第4章 直流电源的控制与保护

直流电源的控制与保护装置是直升机供电系统的重要组成部分，是实现供电系统正常供电的主要环节。其主要作用是在空、地勤人员的操纵下或根据自动控制装置的信号，使发电机与汇流条可靠地接通、断开或转换，保证故障部分与电网可靠分离。控制装置是根据供电方式及一定逻辑关系使发电机与汇流条接触器、继电器及开关元器件动作，完成发电机与汇流条可靠地接通、断开或转换。保护装置则是根据检测到的发电机和电网的故障信息，通过综合、选择、自动操纵执行机构，使故障部分与整个供电系统分离，防止故障进一步扩大，从而保证其他部分正常供电。

直升机直流电源的控制与保护包括主电源、应急电源和地面电源的控制与保护。由于后两者比较简单，本章重点讨论主电源发电机的控制与保护。目前，低压直流电源系统的控制与保护主要有直流发电机的控制与反流保护、过电压与过激磁保护、过载和短路保护等。

直升机电源系统的控制保护装置主要有电磁继电器式、晶体管式以及上述两种的混合形式。继电器型是最早期的产品，其特点是结构简单，但由于存在触点式的活动部件，故可靠性差、寿命短、抗振性差，也不便于维护。此外，还有消耗功率大、受温度影响较大、灵敏度低等缺点，所以在现代直升机上的应用日益减少。晶体管型控制保护装置已被广泛采用，它具有体积小、重量轻、耗电省、灵敏度高、动作时间快、抗振性强、工作可靠等优点。但是，晶体管型控制保护装置受温度和过电压的影响大，线路也比较复杂。随着电子技术的迅速发展，晶体管型控制保护器已由分离元件型转变成集成电路型，使其更具有优越性。

现代较先进的直升机为了进一步减轻设备重量和减小体积，将电压调节和控制保护装置组装在一起，组成综合式调节控制保护装置。并且，随着大规模集成电路的广泛应用，数字式电子计算机已实现了小型化和微型化，很多直升机的综合控制器已设计成智能化的计算机型设备，除调压、控制、保护功能外，还具有监控、记忆、存储、自检测等功能。

4.1 直流发电机的控制与反流保护

在直升机的直流电源系统中，发电机和蓄电池是并联供电的。通常情况下，发电机电压高于汇流条电压，发电机向汇流条供电，同时向蓄电池充电。但是，在发动机起动、停车过程中，或者发电机出现故障以及发生其他原因时，就会使发电机电压低于汇流条电压，这时汇流条上其他电源，如蓄电池和其他发电机，将向该发电机输送电流，这种现象称为反流。出现反流时，发电机不仅不能向外输出电能，反而会无谓地消耗其他电源的电能。发电机电压越低，反流越大，反流太大，将损坏发电机或其他电源。因此，在发电机的输出电路上加一个反流保护装置，而且把这个反流保护装置与主电源接触器组合成一体，组成综合式控制保护装置。这样的控制保护装置目前主要有两种：一种是电磁继电器式；一种是晶体管式。

4.1.1 电磁继电器式控制和反流保护装置

电磁继电器式控制和反流保护装置又称反流割断器、差压反流继电器，某型反流割断器如图4-1所示。

1. 功用

（1）当发电机电压高于汇流条电压一定值时，自动接通发电机输出电路。

（2）当发电机电压低于汇流条电压出现反流，反流达到一定值时，自动断开发电机输出电路。

（3）防止反极性的发电机入网。

2. 基本原理

反流割断器由电压继电器、极化继电器、接触器等组成。

反流割断器的基本原理电路如图4-2所示。

图4-1 反流割断器

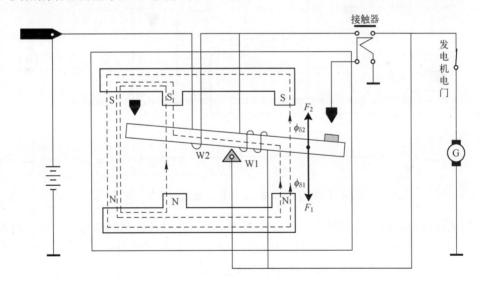

图4-2 反流割断器基本原理电路

极化继电器是反流割断器的核心机件，它主要由永久磁铁、磁极、横放于磁极中间的条形衔铁和绕在条形衔铁上的两个线圈组成。两个线圈分别为 W_1 和 W_2。W_1 导线细、匝数多、电阻大，跨接在发电机与汇流条之间，感受发电机电压与汇流条电压的差值，称为差动线圈。W_2 由1匝～2匝粗导线绕制，电阻小，和发电机输出电路串联，用来感受发电机的反流，称为反流线圈。条形衔铁中部有支点，它可绕支点在磁极的上下气隙

49

之间转动。衔铁的右端有触头，它控制着接触器工作线圈电路。接触器直接控制发电机的输出电路。当发电机电压高于汇流条电压一定值时，$F_2>F_1$，极化继电器的触头接通，使接触器工作，接通发电机输出电路，发电机入网；当发电机电压低于汇流条电压出现反流，反流达到一定值时，$F_1>F_2$，极化继电器的触头断开，使接触器断开，从而断开发电机输出电路，发电机脱网。

差动线圈和反流线圈产生的磁势，能够改变作用在衔铁两端的吸力 F_1 和 F_2 的大小对比关系，从而使衔铁或逆时针转动，或顺时针转动，使它的触头接通或断开。

图 4-2 所示发电机开关是控制反流割断器的，只有在接通发电机开关的情况下，反流割断器才能工作。

当发电机电压高于汇流条电压时，流过 W_1 线圈的电流所产生的磁通 ϕ_{W1}（见图 4-3 中实线），使气隙磁通 $\phi_{\delta1}$ 减小、$\phi_{\delta2}$ 增大，作用在衔铁两端的吸力 F_1 减小、F_2 增大。流过 W_1 线圈的电流越大，$\phi_{\delta1}$ 和 F_1 越小，$\phi_{\delta2}$ 和 F_2 越大。当发电机电压高于汇流条电压一定值时，差动线圈 W_1 所产生的磁通刚好使气隙磁通 $\phi_{\delta1}<\phi_{\delta2}$，$F_1<F_2$，于是，衔铁绕支点逆时针转动，使触头接通。这时接触器工作，发电机入网，开始向电网供电。

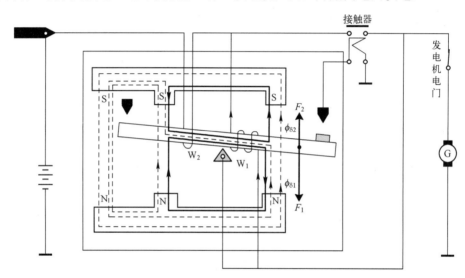

图 4-3 差动线圈 W_1 工作时，磁通的分布情况

极化继电器的触头接通以后，差动线圈 W_1 的两端被接触器触头短接，电流消失，此时由于永久磁铁磁通的分布（见图 4-4 中的虚线），仍然使气隙磁通 $\phi_{\delta1}<\phi_{\delta2}$，作用在衔铁两端的吸力仍然是 $F_1<F_2$，触头继续保持接通状态。

当发电机电压低于汇流条电压而出现反流时，该反流流过反流线圈 W_2，产生磁势 ϕ_{W2}（见图 4-4 中的实线），使气隙磁通 $\phi_{\delta1}$ 增大、$\phi_{\delta2}$ 减小。当反流增大到一定值时，则刚好使 $\phi_{\delta1}>\phi_{\delta2}$，$F_1>F_2$，于是衔铁顺时针转动，使其触头断开，接触器工作线圈断电，触头跳开，断开发电机输出回路，发电机脱网。

反流割断器除具有上述的控制和反流保护作用外，还可以起到发电机反极性保护作用。当发电机反极性时，一旦发电机开关接通，在差动线圈 W_1 中便有较大的反向电流通过（由电网流经 W_1 到发电机），使极化继电器的触头始终保持断开状态，如果原来触头是接通的，也会立即断开，接触器便不会接通发电机电路，避免了反极性的发电机入网。

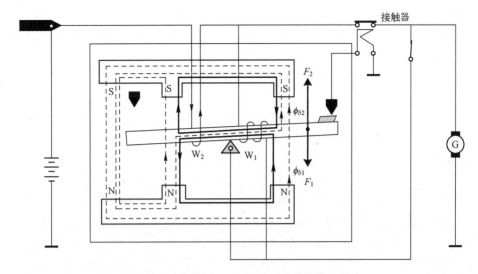

图 4-4 反流线圈 W_2 工作时，磁通的分布情况

3. 反流割断器的工作原理

反流割断器有很多种，但其原理基本相同，某型反流割断器的原理电路如图 4-5 所示。

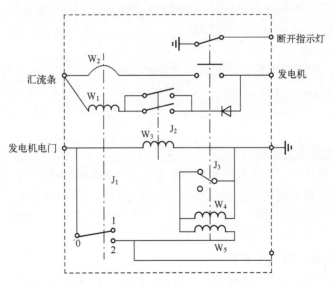

图 4-5 反流割断器工作原理电路

该型反流割断器能在发电机电压高于汇流条电压 0.65~0.85V 时，自动接通发电机的输出电路，使发电机入网；又能在反流值达到 9~22A 时，自动断开发电机的输出电路，使发电机脱网；防止反极性的发电机入网。它由极化继电器 J_1、电压继电器 J_2 和接触器 J_3 组成。

极化继电器 J_1 绕有差动线圈 W_1 和反流线圈 W_2，其常开触点 0~2 控制接触器的工作线圈，差动线圈 W_1 跨接在发电机与汇流条之间，它可以感受发电机电压与汇流条电压的差值。

电压继电器 J_2 由线圈 W_3 和一对常开触点组成。线圈 W_3 经发电机开关跨接在发电机正端与地之间，可感受发电机电压。当发电机电压为 14～18V 时，该继电器工作，它的一对常开触点控制着极化继电器差动线圈 W_1 的电路。

接触器由保持线圈 W_4、起动线圈 W_5、两个常闭触点和主接触头组成。当接触器不工作时，起动线圈中无电流，保持线圈 W_4 被一常闭触点短接，此时另一常闭触点接通发电机"断开"信号灯电路，"断开"信号灯亮，表示发电机未发电或发电机未入网。接触器主接触头处于断开状态。

1）接通发电机输出电路的工作情况

接通发电机开关，当发电机电压升高到 14～18V 时，电压继电器 J_2 工作，其常开触点闭合，因汇流条上接有蓄电池，发电机电压低于汇流条电压，极化继电器 J_1 的差动线圈电路因二极管封闭无电流通过，极化继电器不工作，发电机"断开"信号灯保持燃亮状态。当发电机电压上升到高于汇流条电压 0.65～0.85V 时，极化继电器的差动线圈中流过的电流使 J_1 继电器工作，常开触点 0～2 接通，接通了接触器起动线圈 W_5 的电路，电流自发电机开关经线圈 W_5 及接触器自身的常闭触点接地，接触器工作，触点转换，保持线圈 W_4 解除短接状态，与起动线圈 W_5 串联，维持接触器的工作状态。另一常闭触点断开，断开了发电机"断开"信号灯电路，发电机"断开"信号灯熄灭，与此同时，主接触头闭合，发电机输出电路接通，发电机入网。

2）断开发电机输出电路的工作情况

当发电机电压低于汇流条电压，就有反流经反流线圈 W_2 流向发电机。当反流达到 9～22A 的时候，极化继电器触点断开，使主接触器工作线圈电路断电，接触器跳开，断开发电机输出电路，切断反流，发电机脱网，发电机"断开"信号灯燃亮。当发电机电压下降到 4～5V 时，电压继电器也停止工作，其一对触点跳开，反流割断器恢复到原来状态。

3）防止反极性的发电机入网

当发电机反极性时，一旦发电机开关接通，在差动线圈 W_1 中便有较大的反向电流通过，这个电流产生的磁场，使极化继电器的触头始终保持断开状态，如果原来触头是接通的，也会立即断开。这样，使主接触器工作线圈电路断电，接触器跳开，断开发电机输出电路。

4. 反流割断器的使用与维护

（1）由于反流割断器接线柱数目与连接的导线较多，因此在维护中要保证各接线柱上的导线连接正确，接触可靠。注意要检查接线片不能有裂纹，尤其接线片根部很容易因直升机振动产生裂纹，要加强检查，消除故障隐患，保证可靠接触。

（2）检查接触器的外部清洁及触点的情况。打开开口销，把活动接触片拿开，对主接触点进行检查，检查主接触头有无烧伤和积炭。如果有积炭，要进行清洗。清洗的方法是先用酒精清洗，如果用酒精清洗后，仍有烧伤痕迹，再用银砂纸打磨。

（3）维护中要经常检查主触头的接触压力，如压力不够，会使发电机汇流条间压降过大，严重时会产生打火烧伤，使用电设备不能正常工作。

（4）打开极化继电器的盖子，检查极化继电器的触点有无积炭。如果极化继电器的磁钢、磁极、导磁板、吸片等处吸附有金属屑，应用吸针除去，或用气囊吹除。

（5）反流值的大小能反映极化继电器触头的接触压力。在使用过程中，随着时间的增长以及受温度变化、振动等因素的影响，极化继电器永久磁铁的磁性通常是逐渐减弱的。永久磁铁磁性减弱以后，磁极对衔铁的吸力减小，割断反流值也就减小。检查反流值并与原始数据相比较，就可以及时发现其性能的变化，预防故障发生。如发现有异常，要及时送内场进行调节校验。

（6）防止水分、灰尘、脏物、金属屑、保险丝、滑油等物质进入，以免引起短路。

（7）机件周围不应有高温的物体。

4.1.2 晶体管式控制和反流保护装置

随着高性能高可靠性晶体元件出现，现代直升机逐渐采用晶体管式控制和反流保护装置。由于现代直升机发电机输出功率较大，所以这种反流保护装置执行机构仍采用电磁式接触器——直流接触器来控制发电机电路，而感受发电机与网路电压的差值和反流值的敏感元件采用晶体管电路。

晶体管式控制和反流保护装置有很多种，但其原理基本相同，下面以一种典型反流保护装置为例进行学习。

1. 功用及组成

图 4-6 所示为一种晶体管式控制与反流保护装置的原理电路。主接触器的接通条件为：当汇流条电压 U_n=0V 时，发电机电压 U_g>(20±2)V；当汇流条电压 U_n≠0V 时，U_g-U_n=0.2～0.5V。主接触器断开的条件为：当汇流条电压 U_n=0V 时，U_g<(7±2)V；当汇流条电压 U_n≠0V 时，反流 I_r=15～35A。

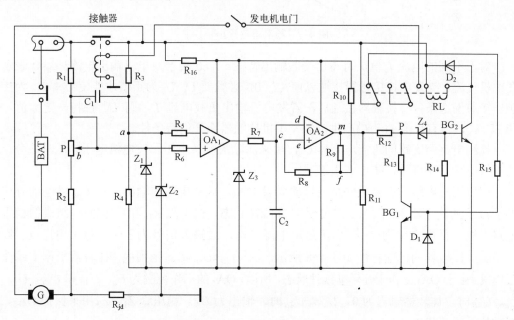

图 4-6 晶体管式控制与反流保护原理电路

该电路由电压差检测电路、电压比较电路、幅值甄别电路、开关放大电路、接触器等部分组成。

2. 基本原理

电压差检测电路由电阻 R_1、R_2、R_{jd}、R_p 和 R_3、R_4 组成，汇流条电压 U_n 和发电机电压 U_g 分别加在两条检测支路上。该电路的输出电压 U_{ab} 反映 U_g 和 U_n 的差值。

由图 4-6，得

$$U_{ab} = \frac{R_4}{R_3+R_4}U_g - \left(\frac{R_p+R_2+R_{jd}}{R_1+R_2+R_p+R_{jd}}U_n - I_a R_{jd}\right) = K_g U_g - (K_n U_n - I_a R_{jd}) \quad (4-1)$$

式中：$K_g = \dfrac{R_4}{R_3+R_4}$ 为发电机电压支路分压比；$K_n = \dfrac{R_p+R_2+R_{jd}}{R_1+R_2+R_p+R_{jd}}$ 为电网电压支路分压比；I_a 为发电机电枢电流。

若取 $K_g = K_n = K$，则 $U_{ab} = K(U_g - U_n) + I_a R_{jd}$。

该式表示检测电路的输出特性，也可以用图 4-7 来描述检测电路的输出特性。

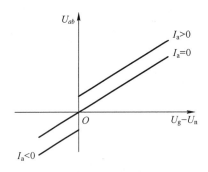

图 4-7 检测电路输出特性

对于不同的电流 I_a 值，可得出一簇输出特性。$I_a>0$ 表示发电机输出电流；$I_a<0$ 表示发电机反流。当发电机接触器接通以前，$I_a=0$，必须要 U_g-U_n 为正值才能使 $U_{ab}>0$，为接触器接通创造条件。接触器接通后，若发电机输出负载电流 I_a，则 U_{ab} 保持一定数值。若 $U_g<U_n$，将有反流 $I_r(=-I_a)$ 产生，为发电机接触器断开创造条件。

检测电路两支路间跨接电容器 C_1，用来滤除汇流条电压和发电机电压的脉动成分，使下级电路工作可靠，防止产生误动。

电压比较电路的主要元件是运算放大器 OA_1。检测电路的输出信号 U_{ab} 以差动方式加于 OA_1 的两个输入端。它工作于开环非线性状态，由电阻 R_{16} 和稳压管 Z_3 组成的稳压电路供电，供电电压为 U_w。由于是单电源供电，故输入信号为零时，输出电压 U_c 为 $(1/2)U_w$。比较器的传输特性如图 4-8 所示。在 $-U_{AB}<U_{ab}<U_{AB}$ 范围内，比较器工作于线性工作段。由于 OA_1 工作于开环非线性状态，所以，OA_1 的工作范围为 $U_{ab}>U_{AB}$ 和 $U_{ab}<-U_{AB}$。$U_{ab}>U_{AB}$ 时，比较器输出为 0；$U_{ab}<-U_{AB}$ 时，输出为 U_w。稳压管 Z_1、Z_2 用来保护 OA_1，通常处于闭锁状态。

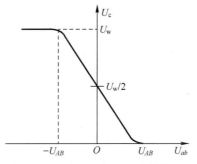

图 4-8 电压比较器传输特性

幅值甄别电路由运算放大器 OA_2 和电阻 R_7、R_8、R_9、R_{10} 等组成。它与 OA_1 由同一电源供电。幅值甄别电路就是一个施密特触发器,它的输出特性如图4-9所示。

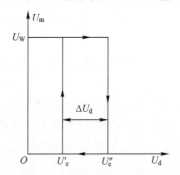

图 4-9 幅值甄别电路特性

设反向端输入触发信号为 U_d,如果 U_d 增大到 U''_e,甄别电路的输出电压 U_m 由 U_w 翻转到零。反之,当 U_d 逐渐减小到小于 U'_e 时,甄别电路输出电压 U_m 由零翻转到 U_w。此电路有迟滞特性,迟滞环电压为 $\Delta U_d = U''_e - U'_e$。选择一定的 ΔU_d,并在触发端加积分电容 C_2,可提高甄别电路的抗干扰能力。

3. 工作原理

如果电网上接有其他电源,电压为 U_n。发电机起动并发电后,电压 U_g 加在各支路上。U_g 较低时,检测电路输出电压 U_{ab} 为负值,因而运放 OA_1 的输出电压 $U_c = U_w$,运放 OA_2 的输出电压 $U_m \approx 0$,若此时 U_g 还低于稳压管 Z_3 的击穿电压,则 $U_w \approx U_g$,并且 U_w 将随 U_g 的变化而变化。此外,U_g 还通过继电器 RL 的触点加在钳位电路晶体管 BG_1 的基极上。BG_1 得到偏置信号而处于导通状态。如果 $U_g - U_n = 0.2 \sim 0.5V$,则 $U_a > U_b$,OA_1 翻转,$U_c \approx 0$,经积分电容 C_2 的短暂延时,$U_d < U_e$,OA_2 翻转,$U_m \approx U_w$。由于 BG_1 处于导通状态,P 点电压 $U_p \approx \dfrac{R_{13}}{R_{12} + R_{13}} U_m$。此电压使门限稳压管 Z_4 开启,晶体管 BG_2 得到正向偏置信号而饱和导通。这样,继电器 RL 通电工作,其两对触点转换,发电机接触器电路被接通,若发电机开关也处于接通状态,则接触器工作,接通了发电机输出电路,发电机入网。此时继电器 RL 的触点断开了 BG_1 的偏置电路,BG_1 截止,R_{12}、R_{13} 不再起分压作用,U_p 升高,使 BG_2 达到深度饱和状态,工作更加可靠。电路处于上述状态下,可人工控制发电机开关,使发电机接触器接通或断开。

如果发电机电压降到低于电网电压,就会出现反流。当反流 I_r 达到 15~35A,U_{ab} 降低到某一负值，使 OA_1 翻转，$U_c \approx U_w$，经积分电容 C_2 短暂延时，$U_d > U_e$，OA_2 翻转，$U_m \approx 0$，Z_4 闭锁，BG_2 截止，RL 与发电机接触器释放，切断发电机输出电路，发电机退出电网。

若电网上未接其他电源，即 $U_n = 0$。这时，只要 U_g 有一个很小的数值，U_{ab} 即大于零，OA_1 和 OA_2 都将翻转，$U_c \approx 0$，$U_m \approx U_w \approx U_g$，$U_m$ 将随 U_g 的升高而升高。此时 BG_1 导通，而 $U_p \approx \frac{R_{13}}{R_{12}+R_{13}} U_m$。当 U_p 随 U_m 的升高达到一定值，Z_4 开启，使 BG_2 导通。但由于 BG_2 未达到饱和导通状态，RL 不能动作。仅当发电机电压 U_g 升高到 (20 ± 2)V 时，BG_2 才达到饱和导通状态，RL 动作，发电机接触器也接通（发电机开关应接通），BG_1 截止，U_p 升高，BG_2 深度饱和，发电机入网。

发电机电压降低时，由于 $U_n=0$，不会产生反流，OA_1 和 OA_2 都不会翻转。当发电机电压 U_g 下降到低于 Z_3 的稳压值时，Z_3 闭锁，则 $U_w \approx U_g \approx U_m$。直到 U_g 下降到 (7 ± 2)V 时，Z_4 才闭锁，BG_2 截止，RL 释放，发电机接触器断开，发电机退出电网。

4.2 直流发电机的过电压保护

直流供电系统中由于发电机激磁电路故障或调压器的故障等，都可能使发电机的电压超过额定值，有时甚至产生高达 40～50V 以上过压，这种现象称为过电压。

供电系统的过电压危害极大，轻则使用电设备性能失常，寿命缩短；重则可能烧坏用电设备，以致酿成火灾；过负载会使发电机过热，换向恶化，甚至烧坏发电机。为防止过压造成上述严重后果，直升机广泛采用了发电机过压保护装置，一旦产生过压，应削弱发电机磁场或灭磁，并使该发电机脱离直升机电网。

4.2.1 对过压保护装置的基本要求

过电压保护电路的形式是多种多样的，但无论采取何种形式均应满足以下几点基本要求：

（1）电源系统在动态过程中会出现瞬时性尖峰电压，它是在极短时间内出现的电压尖峰和电压波动，没有稳定值。这种过高电压是不可避免的正常现象，而且没什么危害，所以出现这种瞬间的尖峰电压时，过压保护装置不应动作，否则就是误动作，破坏了供电系统的正常工作。这样，供电系统要求过压保护装置不应在出现过电压时立即动作，而是在过电压持续一段时间以后动作，这就要求过电压保护装置有一定的延时特性。

（2）过压危害程度与过压稳定值高低和作用时间长短有关。所以，过电压越高，过压保护装置的动作延时时间越短，反之，延时时间越长。这就是反延时特性。

过压保护装置的反延时特性是它的重要性能指标。不同类型和用于不同直升机上的过压保护装置，都明确规定了它的反延时特性。例如，某型过压保护电路的反延时特性规定：

32V 过压……………………延时 1～3s
35V 过压……………………延时 0.25～1.5s
45V 过压……………………延时 0.04～0.45s
60V 过压……………………延时 0.015～0.08s

（3）保护装置动作后应能自锁。要求过电压保护装置在动作后应当能自锁，防止过电压反复出现。在过压故障排除后,再恢复原来状态,使发电机能正常工作。

4.2.2 过压保护装置

当发电机出现过压时,过压保护装置能按要求减弱过压发电机的激磁磁场,以消除过压,并使该发电机与电网脱开。

1. 电磁式过压保护器

电磁式过压保护器的原理电路如图 4-10 所示。该过压保护器主要由延时继电器 J_1、中介继电器 J_2、联锁继电器 J_3 和控制接触器 MJ 组成。过压保护器的对外接线,都是经 BJ_1、BJ_2 两个插座引出。

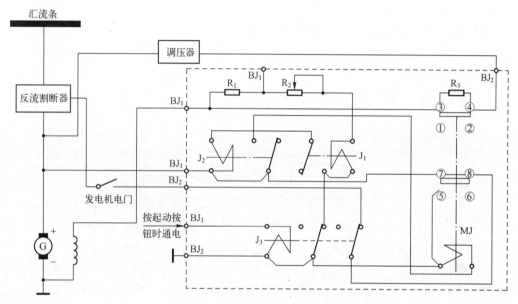

图 4-10 电磁式过压保护器原理电路

发电机一旦出现过压时,它能将激磁磁场减弱以消除过压,并借助反流割断器将发电机输出电路断开。

延时继电器 J_1 的工作线圈正端经 R_1、R_2 与发电机激磁线圈正端相接,J_1 线圈负端受 J_3 触点控制。J_1 用来感受发电机激磁绕组两端的电压,当该电压高于 26.5~28.5V 时它工作。J_1 能延时相应时间动作,即延时特性。J_1 还有反延时特性,它感受的电压越高,动作延时时间越短。和 J_1 继电器工作线圈串联的电阻 R_2 是调整 J_1 的动作电压值,R_2 增大时,动作电压升高,反之,动作电压降低。所以,J_1 是过压保护器的敏感元件。

中介继电器 J_2 介于 J_1 和 MJ 之间,起功率放大作用。

控制接触器 MJ 是用来控制发电机激磁电路的。发电机过压时,它的一对常闭触头 ③~④ 断开,将熄弧电阻 R_3(20Ω)串入发电机激磁电路,减小激磁电流,使过压消失;同时它的另一对常闭触头 ⑦~⑧ 将发电机开关电路断开,使反流割断器断电,将发电机输出电路断开。此时发电机断开信号灯亮,表示发电机停止供电。MJ 接触器有自锁机构,接触器工作以后,自锁机构便将触头保持在上述的断开状态,不再接通,以防止过压再次出现。当过压故障排除后,只要按压它的恢复按钮(人工复位),自锁机构开锁,接触器释放,过压保护器恢复过压前的状态,发电机又投入正常工作。所以,MJ是过压保护器的执行元件。

联锁继电器J_3是防止发动机起动时过压保护器误动作的。发动机起动时,地面电源以过电压向起动发电机供电,而该型过压保护器所配用的发电机在发动机起动时呈复激状态,其并激绕组也加有电压,这时如果没有继电器J_3,过压保护器就要动作,将切断起动发电机的并激绕组电路,使处于电动机状态的起动发电机不能发出足够功率来带动发动机转动,使发动机起动不起来,有了联锁继电器J_3,在起动发动机时,它能把J_1的工作线圈电路断开,使它不能工作,上述现象便不会发生。

2. 晶体管式过压保护器

1)典型直升机的过压保护电路一

某型直升机的过压保护原理电路如图4-11所示。

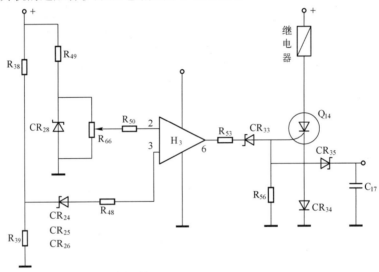

图4-11 过压保护原理电路一

该电路由电压敏感、延时和控制电路三部分组成。电压敏感电路由R_{38}、R_{39}组成,它用于感受发电机过电压信号,并经CR_{24}、CR_{25}、CR_{26}和R_{48}加到运放H_3的"3"端,与R_{49}、CR_{28}构成的"2"端基准电压信号进行比较。发电机过压时,$U_3>U_2$,运放H_3的"6"输出端输出高电平,击穿CR_{33},将信号加到控制电路,控制电路由晶闸管Q_{14}和继电器组成。晶闸管Q_{14}控制继电器工作线圈电路,继电器有关触点控制着发电机的激磁电路和反流割断器电源电路。当稳压管CR_{33}被击穿后,经R_{56}形成对Q_{14}的触发信号,Q_{14}导通,继电器工作线圈经Q_{14}和CR_{34}构成通路,继电器工作后,有关触点一方面切断发电机激磁电路,使过压消除,一方面断开反流割断器电源电路,使反流割断器停止工作,断开发电机输出电路,使发电机脱网。延时电路由电阻R_{53}和电容C_{17}组成。当发电机过压并经H_3输出端输出高电平信号,使CR_{33}击穿后,该电压经R_{53}为C_{17}充电,只有当电容两端电压升高到一定值时,Q_{14}被触发导通,形成了延时特性。

2)典型直升机的过压保护电路二

某型直升机的过压保护原理电路如图4-12所示,其主要工作部件是电压测量装置y_2、固定时间延迟装置y_3以及执行装置y_1。

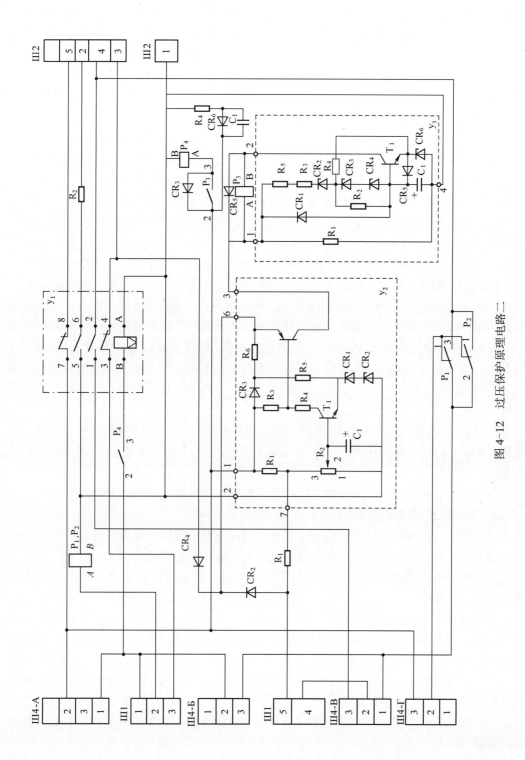

图 4-12 过压保护原理电路二

59

电压测量装置 y_2 由 R_1、R_2、R_3、R_4 及稳压管 CR_1、CR_2 和三极管 T_1 组成，该部分用来检测发电机自激磁绕组两端电压。时间延迟装置主要由电容器 C_1、电阻 R_2、R_3 和稳压管 CR_2、CR_3、CR_4、CR_5、CR_6 及继电器 P_3 组成，y_3 用来避免对瞬时能承受的过压进行误保护。执行装置 y_1 是个接触器，用于使有故障的发电机解除激磁。

其基本原理是：在发电机出现过电压时，通过电压检测电路敏感到过电压信号，送入延时装置，经一定时间延迟后，若过电压信号仍持续，则接通执行装置电路，由控制继电器切除发电机激磁回路从而达到保护目的。

检测电压装置 y_2 检测发电机自激线圈上的电压。正常情况下，发电机输出端电压经 R_1、R_2 分压后加在 T_1 的基极与发射极之间，小于稳压管 CR_1、CR_2 的击穿电压，因此 T_1 截止，使 T_1 的集电极上端呈现高电位，因此 T_2 也截止，无故障过压信号输出。当出现持续过电压时，加在 T_1 基极电压足以击穿 CR_1、CR_2 稳压管，于是 T_2 基极电位减小，使 T_2 导通，则过压信号加入固定延时部件 y_3 的 1、4 接线柱，当此信号击穿稳压管 CR_2 时，电容 C_1 即被充电，C_1 的充电时间即是延时时间，信号越大（过电压越大），C_1 充满电所需时间即延时时间越短，当信号达到一定值足以击穿稳压管 CR_6 时，R_2 电阻分流的稳压管 CR_3、CR_4 将被击穿，加速 C_1 电荷产生的过程，此时三极管 T_1 导通，继电器 P_3 开始工作，接通其触点 2-3，吸合中间继电器 P_4。P_4 通过自身的触点 2-3 给出信号，起动执行装置接触器 y_1，有故障的发电机即被解除激磁，从而达到了保护目的。

在发电机转入并联工作时，P_1、P_2 闭合均衡电路，继电器 P_3 是延时装置的执行装置，P_4 是中间继电器。固定延时装置 y_3 只装在有故障调节系统的发电机上。有故障调节系统的发电机与没有故障调节系统的发电机是不同的。对有故障调节系统的发电机来说，损坏性超高电压可通过自激线圈来调节。

外路电阻 R_1 在检测时用来重新调节固定延时电路 y_2，R_2 是信号电路中的负载，二极管 CR_2、CR_4 用来隔离电路，二极管 CR_3 在发电机极性不正确时建立接触器 y_1 起动电路。

故障排除后需按压自动装置接触器的恢复按钮，接触器 y_1 才能返回到初始状态。

3．过压保护器的使用与维护

（1）检查过压保护器的固定情况，插销引出导线束不应妨碍减震装置的工作。

（2）检查插头应连接牢靠，插接到位，防止松动，防止磨破。

（3）检查安装支架是否有裂纹，是否固定牢靠，以免过压保护器受直升机振动的影响。

（4）地面检查时，按压接触器的恢复按钮，如果感到弹力很小，说明接触器没有工作过；如果感到弹力很大，并且听到接触点跳回的声音，说明接触器已工作过，应恢复正常。

（5）过压保护器工作后，经查明原因排除故障后，才能按压恢复按钮，重新接通发电机的回路。

（6）防止水分、灰尘、脏物、金属屑、保险丝、滑油等物质进入过压保护器，以免引起短路。

（7）未经批准不允许分解过压保护器。

4.3 直流发电机的短路保护

由于供电系统导线绝缘损坏、接线连接不当、战斗时损伤等原因,可能造成发电机输出端短路。短路电流的峰值可能达到发电机额定电流的 3.5~8 倍。

当金属导体相碰短路后熔接在一起时,会形成稳定短路,短路电流的稳定值也可能达到额定电流的 1.5~2.5 倍,持续时间也较长。另外,短路点因金属飞溅、直升机振动而时断时续形成间歇短路。无论哪种短路,对直升机都是很危险的,不仅会损坏发电机、电线和主电源接触器,甚至引起火灾造成重大事故,所以必须采取有效的保护措施。短路保护应使短路点与电源、电网脱开,避免发生严重后果,并且不应造成供电的全部中断。

4.3.1 发电机的短路过程

发电机输出端突然短路,是一个复杂的电磁能量转换过程,要定量地分析系统参数并用解析法列出短路过程的动态方程是很困难的,因为发电机磁路的非线性,电枢电路和激磁电路电感的非线性等因素很难准确地计算,这里只作简要的分析和说明。

设发电机运行过程中,突然在输出端发生短路,短路电阻以 r_d 表示,它包括短路点 A 的电阻和发电机输出端至短路点的线路电阻,r 为电枢电阻,发电机短路时的等效电路如图 4-13 所示。

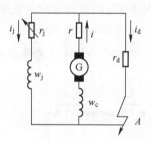

图 4-13 发电机短路时的等效电路

发电机短路过程中,电枢电流、激磁电流以及端电压都随时间变化。图 4-14 所示为根据试验得出的发电机输出端突然短路时,电枢电流 i、激磁电流 i_j 和发电机电压 U_d 随时间变化情况。

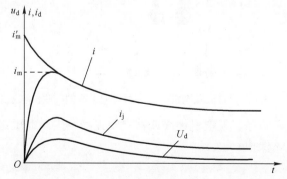

图 4-14 发电机短路时,电枢电流、激磁电流、发电机电压的变化情形

假设发电机短路前在空载状态下工作,短路开始的一瞬间,由于电磁惯性、发电机

的磁通以及电动势仍保持短路前的数值,而且由于 $i \gg i_j$,可认为 $I=i_d$,此时如不考虑电枢电路的电感,则电枢电流立即上升到最大值 i'_m。

$$i'_m = \frac{E}{r + r_d} \qquad (4\text{-}2)$$

实际上,在电枢电路电感的作用下,电枢电流将按指数曲线上升。试验表明,大约经 4～6ms 发电机电枢电流增大到峰值 i_m,但 $i_m < i'_m$。这是因为随电枢电流的增大,电枢反应不断增强,使穿过电枢的磁通要减小,因而发电机电动势也随之降低,而发电机电势的下降,又限制了电枢电流的增大,因此电枢电流的峰值小于 i'_m,当电枢电流增大到峰值后,激磁磁通继续减小,发电机电势也继续下降,因此电枢电流将大致按指数曲线下降并趋于稳定值 i_w。稳定短路电流的数值,由发电机端电压稳定值 U_{wd} 和短路电阻 r_d 决定,即

$$i_w = \frac{U_{wd}}{r_d} \qquad (4\text{-}3)$$

4.3.2 短路保护装置

对短路保护装置的要求是某个电源输出端短路,既不应造成其他电源的损坏,也不应损坏短路电源本身。保护装置本身的损坏,也不应造成电源中断供电。

这里,以两台直流发电机和一个蓄电池组成的并联供电系统为例进行分析。当电源系统供电正常时,两台发电机 G_1 和 G_2 以及蓄电池的连接状况如图 4-15 所示。

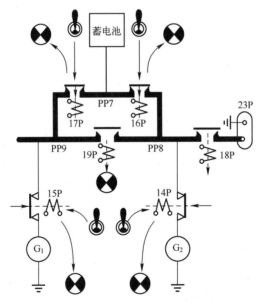

图 4-15 两台直流发电机和一个蓄电池组成的并联供电系统

如果供电系统主汇流条、发电机馈线或蓄电池馈线发生对地短路时,短路保护插件应对电源系统实施短路保护。

1. 组成

图 4-16 所示为某型直升机短路保护插件原理电路,主要由低压探测电路、差动门限电路、发电机激磁控制电路、起动机状态控制电路等组成。

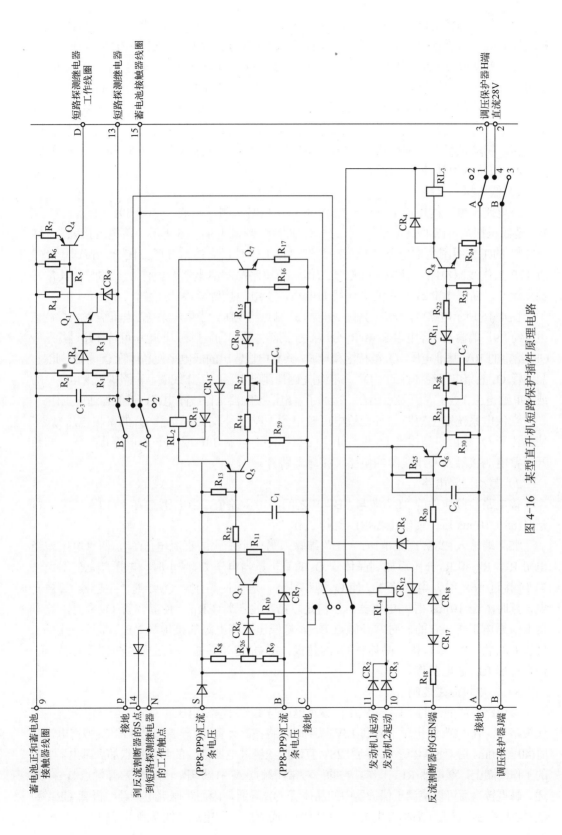

图 4-16 某型直升机短路保护插件原理电路

(1) 低压探测电路。该电路由电阻 R_1、R_2、R_3、R_4、R_5、R_6、R_7 以及电容器 C_3、稳压管 CR_9、三极管 Q_1、Q_4、继电器 RL_2 组成。其低压门限<(15 ± 1.5)V。

(2) 差动门限电路。该电路由三极管 Q_3、Q_5、Q_7、继电器 RL_2、电阻 R_{17}、R_{27}、R_{29}、电容器 C_1、C_4、二极管 CR_6、CR_{13} 和稳压管 CR_7、CR_{10} 等组成。其压差门限>(12 ± 1.2)V。

(3) 发电机激磁控制电路。该电路由三极管 Q_6、Q_8、继电器 RL_3、电阻 R_{18}、$R_{20}\sim R_{25}$、R_{28}、R_{30}、电容器 C_2、C_5、二极管 CR_{14}、CR_{16}、CR_{17} 和稳压管 CR_{11}、CR_{18} 等组成。

(4) 起动机状态控制电路。该电路由继电器 RL_4、二极管 CR_{12}、CR_2 和 CR_3 等组成。

2. 短路保护插件工作原理

1）低压探测电路

该电路检测出的电压 U<(15 ± 1.5)V 时，使短路探测继电器 38P 或 39P 动作。38P 和 39P 是低压探测电路的执行元件，它的一对常开触点控制图 4-16 所示的蓄电池接触器 16P 或 17P 的工作线圈负端电路。短路探测继电器工作时，它的常开触点闭合，接通了 16P 或 17P 工作线圈电路，蓄电池接触器工作。当短路探测继电器断电停止工作时，其常开触点跳开，断开 16P 或 17P 的工作线圈电路，蓄电池接触器停止工作。

图 4-16 所示电路中，"9" 号输入端输入探测点的电压，当供电系统工作正常时，探测点电压经 "9" 端输入，经电阻 R_1 和 R_2 分压后加到晶体管 Q_1 的基极，该电压可持续超过稳压管 CR_9 给定的 10V 基准电压，Q_1 维持饱和导通，其集电极输出的低电平使晶体管 Q_4 导通。此时，晶体管 Q_4 的集电极经插件的 "D" 端控制短路探测继电器的工作线圈，短路探测继电器 38P 或 39P 通电工作，其常开触点闭合，接通了蓄电池接触器工作线圈电路，接触器通电工作。

当供电系统发生短路，且直流电压减小到 15V 以下时，晶体管 Q_1 的基极电压减小，使晶体管 Q_1 截止，晶体管 Q_4 也截止，短路探测继电器 38P 或 39P 断电停止工作，并断开了蓄电池接触器工作线圈的电路，接触器跳开。

2）差动门限电路

该电路检测插件的 "S" 端与 "B" 端之间的电压差值，当电压差 ΔU>(12 ± 1.2)V 时，延时(65 ± 10)ms 后，使继电器 RL_2 通电工作。

"S" 端输入+28V 直流电压，"B" 端输入另一个变化的直流电压 U_2，两点电压差经电阻 R_8、R_{26} 和 R_9 分压后加到晶体管 Q_3 的基极。当电压 U_2 减小时，电压差 ΔU 增大，当 U_2 接近 16V 时，电压差 ΔU 使 Q_3 饱和导通，进而使晶体管 Q_5 导通，电容器 C_4 被充电，延时(65 ± 10)ms 时，电容器电压值足以击穿稳压管 CR_{10}，使晶体管 Q_7 导通，继电器 RL_2 通电工作，它的一对常开触点 B～4 将低压探测电路的接地端 "P" 断开，并经二极管 CR_5 将 "P" 端转接于晶体管 Q_6 的基极，使 Q_6 饱和导通，并进而使晶体管 Q_8 导通，使继电器 RL_3 通电工作。

3）发电机激磁控制

该电路检测插件的 "1" 端电压，该点电压与发电机馈线电压相对应，当发电机发生馈线短路时，且 "1" 端电压下降到 12V 以下时，将使晶体管 Q_6 导通，电容器 C_5 被充电，延时(40 ± 10)ms 后，使晶体管 Q_8 导通，28V 直流电压经继电器 RL_4 的常闭触点加到继电器 RL_3 的工作线圈上，继电器 RL_3 工作。它的一对常闭触点 A～1 断开，另一对常开触点 B～4 接通。触点转换后可以使调压保护器中的晶体管 Q_{12} 导通，因而跳闸继电器经二极管 CR_{23} 和 Q_{12} 构成通路，它工作后将发电机激磁电路断开而灭磁，发电机馈线得到了保护。

4）起动状态的控制

起动发电机处于起动状态时，短路保护装置应保证起动发电机在起动状态下正常运行，所以应切断插件的短路保护功能。当把 28V 直流电压加到插件的"10"号或"11"号点时，继电器 RL_4 可经插件的"C"端接地而工作，其触点转换，使继电器 RL_3 的正端电路被切断，使插件失去短路保护功能。

3. 短路保护原理

在正常情况下，短路保护装置中继电器 RL_2、RL_3 和 RL_4 线圈不通电（继电器 RL_4 仅在相应发动机起动期间线圈才通电激励，它防止了在起动程序期间保护系统工作），而短路探测继电器 38P 和 39P 线圈通电。

一旦出现短路故障，电源系统普遍存在一个低压状态（直流(15 ± 1.5)V 以下）。这个状态由每个短路探测继电器（38P、39P）的控制电路探测到，这两个短路探测继电器顿时断开。这就断开了每个蓄电池接触器线圈的供电电路，并防止了汇流条相连接触器（19P）的接通。蓄电池此时与直升机电源系统隔离，接触器 16P 和 17P 断开，这样汇流条 PP8 和 PP9 不再连在一起。

1）主汇流条短路

假设电源系统的初始状态如图 4-15 所示。如果某一原因使发电机 1 的主汇流条 PP9 出现短路，这一瞬间将导致整个电源系统电压的降低，这个低电压经插件检测，当电压低到 15V 以下时，短路探测继电器 38P 和 39P 断电而停止工作，同时使蓄电池接触器 16P 和 17P 跳开，此时电源系统处于图 4-17 的状态。

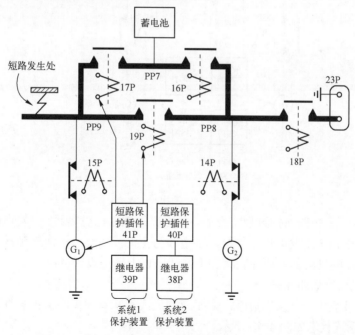

图 4-17　短路状态 1

从图 4-17 可见，发生短路的发电机 1 主汇流条 PP9 与系统隔离了，只有发电机 1 向主汇流条 PP9 供电，发电机 2 主汇流条 PP8 的电压又回升到 28.5V，以上过程可视为短路保护的第一过程。这个过程中，供电系统自动隔离了短路状态的子系统，防止了机上所有电源向短路汇流条供电。

当短路保护第一过程之后，由于 PP9 上的电压接近零，而发电机 2 主汇流条 PP8 上的电压正常，这个电压差被插件用来识别短路的汇流条并断开相应发电机的激磁电路，短路保护转入第二过程。

当主汇流条 PP8 的电压上升到大于 15V 时，短路探测继电器 38P 通电工作，并将蓄电池接触器 16P 的工作线圈电路接通，蓄电池接触器 16P 再次接通。

发电机 1 短路保护插件 41P 上的继电器 RL_2 的控制电路探测到一个超过 $(12±1.2)$V 的电位差，经过 $(65±10)$ms 延时后，继电器 RL_2 接通。因而使短路探测继电器 39P 的负线断开，使蓄电池接触器 17P 断开，同时防止了汇流条相连接触器 19P 接通。当继电器 RL_2 接通时，在同一插件上的继电器 RL_3 延时 $40\text{ms}±10\text{ms}$ 也接通。使调压保护器中的晶体管 Q_{12} 工作，断开第一台发电机的激磁电路进行灭磁，同时使反流割断器断开，即 15P 跳开，发电机脱网。短路保护的第二过程结束，此时系统的状态如图 4-18 所示。

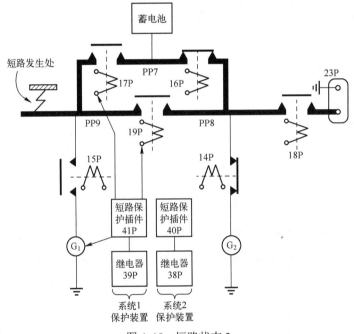

图 4-18　短路状态 2

由图 4-18 可见短路保护过程结束后，主汇流条 PP9 已脱离系统，发电机 1 也脱离了系统，主汇流条 PP8 由发电机 2 供电，蓄电池与主汇流条经蓄电池接触器 16P 相连，电源系统在单台发电机与蓄电池并联状态下继续向机上用电设备供电。

2) 发电机馈线短路保护

如果发电机馈线一旦发生短路，则相应的反流割断器和短路保护插件动作。发电机 1 馈线短路时系统状态如图 4-19 所示。

发电机 1 的馈线发生短路，则短路保护系统起下列作用：发电机 1 电压下降，反流割断器 15P 检测出反流并断开，这实际上是立刻切断，对继电器 38P 和 39P 来说没有时间对低压状态进行反应，同时使汇流条相连接触器 19P 闭合；短路保护插件 41P 切断发电机 1 的激磁，发电机 1 隔离并断电，发电机 2 此时承担了全部用电设备的供电。

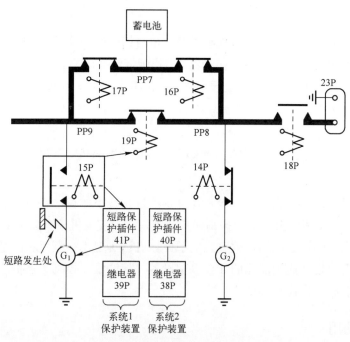

图 4-19 发电机馈线短路保护

3) 蓄电池馈线短路保护

蓄电池馈线短路时系统状态如图 4-20 所示。如果蓄电池馈线发生短路，系统为普遍的低压结果，继电器 38P 和 39P 断开，断开了蓄电池接触器 16P 和 17P 的接线，并防止了汇流条相连接触器 19P 的接通。这些接触器断开，故障与主汇流条隔离，并使两个汇流条靠它们对应的发电机供电。

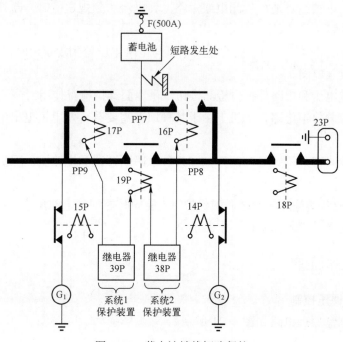

图 4-20 蓄电池馈线短路保护

蓄电池负线中的 500A 熔断器因经过短路电流而烧断，从而保护了蓄电池和它的馈线。"蓄电池接触器 1"和"蓄电池接触器 2"指示灯燃亮。

通过以上的分析可知，短路保护插件在系统出现短路后，对机上电源系统的发电机、蓄电池和馈线电路进行了有效的保护。

4.4 直流发电机综合型控制保护器

现代较先进的直升机为了进一步减轻设备重量和减小体积，将电压调节和控制保护装置组装在一起，组成综合式调节控制保护装置，称为发电机控制盒（简称发控盒）。随着大规模集成电路的广泛应用，数字式电子计算机已实现了小型化和微型化，很多直升机的综合控制器已设计成智能化的计算机型设备，除调压、控制、保护功能外，还具有监控、记忆、存储、自检测等功能。

4.4.1 功用

（1）自动保持发电机电压稳定。

（2）发电机出现过电压或过激磁（指并联系统）故障时，断开发电机激磁和主接触器，实施保护。

（3）在并联系统中能均衡各台发电机所承受的负载电流至规定的范围内。

（4）当发电机出现反流其数值达到规定值时，从系统切除该发电机。

（5）当发电机馈线对地产生漏电或短路，其电流达到规定值时，断开发电机激磁和主接触器，实施短路保护。

（6）在单台或并联运行时，能比较发电机与电网电压差到规定值时，控制主接触器，使发电机自动投入电网。

（7）设有过电压和短路保护自检测按钮，供地面维护检查使用。

（8）设有应急停电电路，当机上由于某种原因需要某台发电机退出电网时，可操作应急停电开关。

（9）发控盒具有故障记忆功能，如因某种故障断开磁场电路实施保护后，要重新工作，必须先复位。

（10）当发控盒实施过压和过激磁保护时，能同时控制蓄电池反流保护器，使其在断开情况下能恢复接通，确保全机不中断供电。

4.4.2 工作原理

1. 建压、调压控制

发电机控制盒原理电路如图 4-21 所示。

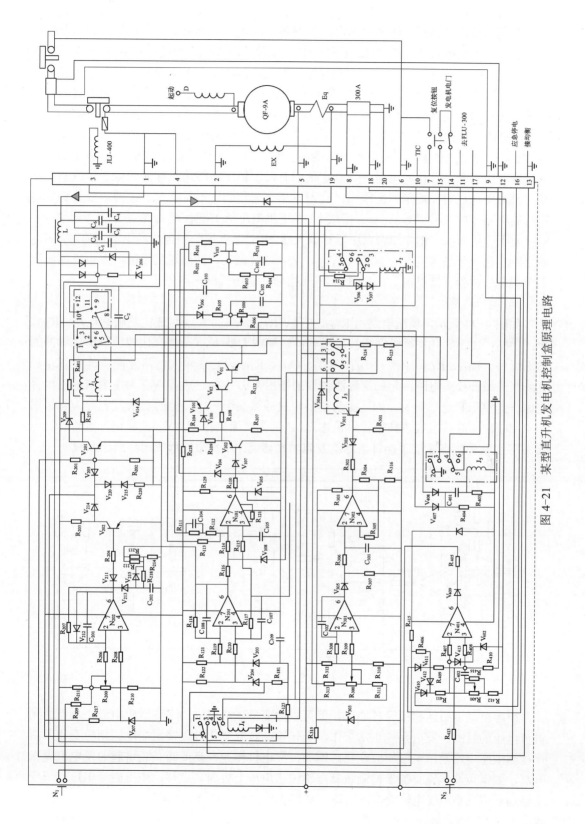

图 4-21 某型直升机发电机控制盒原理电路

1）建压

发电机被驱动到额定转速范围内，其剩磁电压（大于 0.65V）由 1#插针进入发控盒内，通过建压继电器 J_2 的常闭接点（2～1）、限流电阻 R_{314}、磁场继电器 J_1 的常闭接点（4～5、7～8、11～10），然后从 2#插针进入发电机激磁绕组 EX 使发电机端电压升高，并以正反馈的方式迅速上升。这时，发电机电压从 1#插针经二极管 V_{306} 加到 J_2 线圈，当电压达到 J_2 吸合电压值（约 15V）时，J_2 转换并保持，激磁电流从 1#插针经 V_{01}、V_{02} 功率管继续进入激磁绕组。此时，由于 4#发控盒插针感受到电压尚未达到额定值，故 V_{01}、V_{02} 功率管为全导通状态，发电机电压继续上升，当上升电压超过 20V 后，调压线路中锯齿波发生器开始工作，电压升到额定值的时候，调压电路进入脉冲调宽工作状态，使发电机端电压稳定在规定的范围内，建压完毕。为使建压不发生大的超调，设置瞬变电压抑制电路（由 R_{124}、R_{125}、V_{108} 组成）。发电机电压从 1#插针经 J_1 触点 2～1，至 R_{124}、R_{125} 分压后从 V_{108}、R_{104} 加到调压运算放大器 N_{101} 的 2 端。当电压高于额定值时，N_{101} 的 2 端电压高于 3 端电压，从而使 V_{102}、V_{02}、V_{01} 截止，激磁电流下降，发电机电压下调至额定值。当正常供电后，J_3 触点 2～3 接通，建压抑制电路停止工作。

2）调压电路

如图 4-22 所示，调压电路由 R_{105}、R_{106}、R_{100}、V_{106}、C_{102} 组成检测敏感电路；R_{101}、R_{102}、R_{131}、C_{101}、V_{103} 组成锯齿波发生器；运算放大器 N_{101} 是综合比较放大形成脉冲的核心元件；R_{113}、R_{112}、R_{111}、C_{104}、R_{115}、C_{105}、R_{114} 为它的输入电路元件，其中 R_{111}、C_{104} 组成微分校正电路，起加速过渡过程的作用，由 V_{102}、V_{01}、V_{02} 为主组成的三极管电路作为整形和功率放大。为适应起动发电机并激绕组一端接地的要求，V_{01}、V_{02} 采用 PNP 和 NPN 硅管组成达林顿管射极输出，V_{03} 为续流二极管，V_{01} 的输出经过磁场继电器 J_1 三组常闭接点通过 2#插针输送给发电机激磁绕组 EX 激磁形成闭环调压系统。

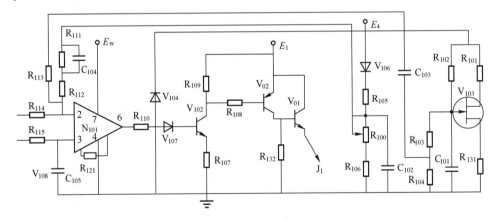

图 4-22 调压电路

闭环自动调节达林顿管导通比，就可以改变激磁绕组中的平均激磁电流，从而达到调节电压的目的。发电系统正常工作，当转速及负载变化时，输出端电压相应变化，从而检测敏感电路输出电压相应变化。例如，发电机转速升高或卸负载引起的发电机电压升高，则锯齿波电压叠加于检测敏感电路输出电压上也随之上移，使得磁场电压波形变窄磁场电流变小，发电机端电压下降，从而实施了电压闭环自动调节。

2. 压差接通控制和反流保护

（1）压差接通电路如图 4-23 所示，由电阻 R_{310}、R_{311}、R_{312}、R_{313}、电位器 R_{300} 组成敏感桥，桥的上臂分别通过 4#、6# 插针接调节点和电网汇流条，桥的下两臂分别接地和 5# 插针至发电机的均衡输出接线端 EQ。由运算放大器 N_{301}、电阻 R_{308}、R_{309}、电容 C_{302} 组成电压比较器，由二极管 V_{305}、电阻 R_{306}、R_{307}、电容 C_{301} 组成输出电路，采用阻容延时电路可防止误动作；由运算放大器 N_{302}、电阻 R_{305}、R_{316}、R_{303}、R_{304} 组成的迟滞比较器电路和由三极管 V_{301}、电阻 R_{302}、R_{301}、稳压管 V_{302} 组成的功率输出电路，控制中间继电器 J_3 的通断。

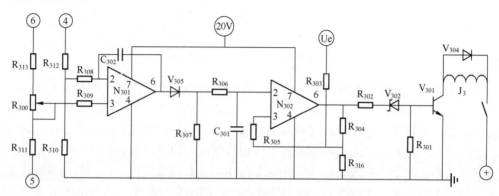

图 4-23　压差接通和反流保护电路

当电网上没有电压的时候，N_{301} 反向端高电位，故 N_{301} 输出低电位，N_{302} 输出高电位，J_3 吸合，使发电机在不大于 20V 就投入电网供电。当电网上有电的时候，就要通过敏感桥进行比较，发电机电压与汇流条电压差达到规定值时（0～0.5V），N_{301} 输出低电位，N_{302} 输出高电位，J_3 吸合，向电网供电。J_3 的控制电路里串接了发电机开关，用来人为控制发电机是否向电网供电。

（2）当发电机投入电网供电以后，压差接通的敏感电路就自动变成了反流保护电路。当主接触器接通后，调节点与汇流条近似同电位，而桥的下两臂由于负载电流的压降则使 5# 插针低于地电位，负载电流越大，5# 插针电位越低，从而 N_{301} 3 端电位低于 2 端电位，N_{301} 输出低电位，N_{302} 输出高电位，J_3 吸合，确保接触器吸合向电网供电。当由于某种原因，汇流条电压高于发电机电压时，发电机则出现反流。此时，5# 插针高于地电位，反流值的大小正比于 5# 插针电位值，随着反流值的增大，5# 插针电位不断上升。当达到规定门限值时（反流 15～35A），N_{301} 的同相端电位高于反相端电位。N_{301} 输出高电位，使 N_{302} 输出低电位，J_3 释放，从而断开主接触器，使发电机暂时退出供电。若反流不是该台发电机故障所致，当符合供电条件时，它即自动并联供电。反流门限值通过调节 R_{300} 得到。

3. 过电压保护

过电压保护电路如图 4-24 所示。由电阻 R_{211}、R_{210} 和电位器 R_{200} 组成过电压敏感电路；由运算放大器 N_{202}、电阻 R_{206}、R_{208}、电容器 C_{201}、二极管 V_{212} 以及稳压管 V_{207}、R_{217} 作为基准电压，组成比较放大器和反延时电路；由三极管 V_{202}、V_{201} 以及电阻 R_{204}、R_{203}、二极管 V_{214}、稳压管 V_{205} 组成倒相和功率放大电路；V_{201} 直接与磁场继电器 J_1 线

圈串联，控制着磁场继电器。

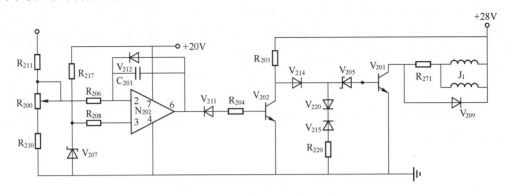

图 4-24 过电压保护电路

当电压正常的时候，敏感电路输给 N_{202} 反相端的电压低于同相端的基准电压，因而输出高电位。电容器 C_{201} 反向充电，其值等于二极管 V_{212} 的正向压降。这时 V_{202} 集电极低电位，V_{201} 集电极高电位，J_1 保持接通状态。当因某种原因发电机电压上升达到或超过起始动作值，即 N_{202} 的反向端电位超过同相端电位，则电容器 C_{201} 开始充电，由于电容上的电压不能跃变，所以 N_{202} 的输出端 6 的电位由高向低缓慢下降，其速率取决于敏感电路输入电压高低，电位越高，相对变化越快，即反延时特性，当 N_{202} 的 6 端电压低到足以使 V_{202} 截止时，V_{201} 即导通，电源经 R_{481} 至 J_1 线圈，通过 R_{271}、V_{201} 至地，使磁场继电器断开，同时也断开了主接触器，完成了过电压保护。

4. 过激磁保护

发电机并联运行时，调压系统过压故障反映在激磁上，因为故障电机电压的升高必然要多承担负载，而使发电机激磁电流上升，所以过激磁的敏感信号从均衡电路上取得。如前所述，并联运行的电机如果负载不均衡，则均衡敏感电路中的电流必然是流向负载重的一台，在这个信号作用下，均衡电路中的 N_{201} 输出端电压上升，上升幅值和速率取决于并联电流不均衡的程度。这样，过激磁电流经过 N_{201} 比例转换成电压模拟量，输至 R_{212}、R_{213}、R_{214} 进行分压，通过 C_{202}、R_{218} 阻容延时后，经 V_{213}、R_{207} 输送到过电压反延时和执行电路，完成按反延时规律控制磁场继电器的脱开而起到保护作用。过激保护的门限值通过调整分压电阻 R_{213} 确定。

5. 发电机馈线短路保护

如图 4-25 所示，由电阻 R_{409}～R_{412}、R_{416}、R_{400} 和二极管 V_{410}、V_{411} 组成桥式敏感电路，电阻 R_{407}、R_{408} 和运算放大器 N_{401} 组成比较放大电路。在正常运行的情况下，由于敏感桥预先调定好，使 N_{401} 的反相输入端电位高于同相输入端，N_{401} 的 6 端输出低电位，V_{201} 截止。若线路上有电流，则两个分流器上电压降毫伏数一致，N_{401} 的 2、3 端压差维持原调定状态不变，保证正常供电。当发电机馈线对地短路或漏电时，9[#]、12[#] 插针间的分流器提供的电位必然低于 18[#]、8[#] 插针间提供的电位。当大于一定值时，N_{401} 的同相输入端电位就高于反相端，N_{401} 的 6 端输出高电位，触发 V_{201}，使 J_1 断开，达到保护目的。C_{402} 起滤波作用，防止干扰造成的误动作；V_{413}、V_{402} 吸收瞬变电压，保护运放 N_{401}。

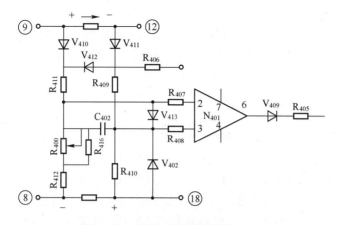

图 4-25 发电机馈线短路保护电路

电源经 R_{406}、V_{412} 加至敏感桥进入 N_{401} 的 2 端，使得在正常状态下，只要发电机和电网不同时失去电压，N_{401} 的 6 端始终输出低电位，从而有效地避免了误保护。V_{410}、V_{411} 是为了防止发电机瞬变负电压引起误保护而设置的。

6. 复位控制

复位控制由磁场继电器 J_1、复位继电器 J_5 和建压电器 J_2 等实现。

磁场继电器 J_1 由两个磁保持继电器 JMX-5M 组成。这种继电器接点负荷能力大，耐振动稳定性和冲击稳定性高，继电器通以脉冲电压而转换后，电源关闭，继电器仍依靠其本身磁保持力而闭锁，若需继电器恢复原位，则加以反向脉冲电压即可，因而具有功率损耗小、耐辐射等优点。产品采用两只 J_1 线圈并联，三对触点串联于磁场回路中，提高了继电器切换负载的能力，为了减少继电器触点的磨损和延长触点使用寿命，设了电容 C_2 作为灭弧电路。

当系统发生过电压、过激磁、馈线短路等故障或因其他原因输入应急停电信号时，通过各自保持线路送到以 V_{201} 为主的控制电路，使得 V_{201} 导通，电源经 R_{481}→J_{1B}→J_A→R_{271}→V_{201}→地，J_1 线圈通电断开，发电机去激磁，同时 J_1 触点 1～2 断开，3#插针无电压，主接触器断开，隔离发电机和电网联系。J_1 断开后，靠自身磁保持力闭锁，记忆该发电系统在运行中发生的故障，如果故障已查明并排除则需复位 J_1。

复位电源来自直升机汇流条，经复位按钮通过 7#插针进入发控盒。当接通复位按钮时，电流则从 7#插针经 J_2 触点 5～4 后分两路，一路通过二极管 V_{408} 供给由 C_{401}、R_{403}、J_5 线圈组成的微分电路至地，使 J_5 瞬时吸合，其触点接通；另一路经 V_{414} 通过 J_1 线圈、J_5 触点 3～2 至地，完成 J_1 复位。

R_{404} 为电容 C_{401} 提供放电回路，为下一次复位作准备。

当发电系统正常供电时，J_2 吸合，其触点 4～5 处于断开状态，当操作人员误接通复位按钮时，电压进不到复位电路，因而不会影响系统正常工作，从设计上保证了系统工作的可靠性。

当发电系统出现故障实施保护后，J_1 断开磁场回路并保持，如果不复位则不可能重新建压，因而不会出现发电系统建压后故障断开又建压的循环拍合现象。

7. 蓄电池反流保护控制

如图 4-26 所示，蓄电池反流保护器有一带永久磁铁的极化继电器，a 为电流线圈，b 为维持线圈。正常工作时，蓄电瓶通过蓄电池反流保护器 ⊕ 端向线圈 c 供电，闭合主触点，同时，通过其辅助触点使蓄电池接触器闭合，蓄电池接入汇流条。当某种原因，汇流条上出现过电压，导致蓄电池出现大的充电电流，此电流达到 300A 时，电流线圈 a 使极化继电器动作，断开线圈 c 的电路，反流保护器断开，蓄电池从电网上脱开。这时蓄电池端电压通过反流保护器的极化继电器触点、线圈 b、ZH 端和发控盒的插针 11、继电器 J_5 触点 4～5，然后由插针 17 出来至地，线圈 b 维持蓄电池反流保护器保护断开。这时，若发控盒实施过压或过激保护，则在断开发电机磁场的同时，J_1 触点 1～2 断开，3～2 接通，电源电压经 J1 触点 3～2、V_{407} 加至由 C_{401}、R_{403}、线圈 J_5 组成的微分电路至地，因而 J_5 吸合，其常闭触点 4～5 迅速断开，随着 C_{401} 充电电压上升，J_5 线圈电流减少，大约 50ms 左右释放，触点 4～5 恢复至闭合状态。这一短时断开信号，通过发控盒插针 11 送到蓄电池反流保护器 ZH 端，使得该保护器维持线圈 b 断电释放，线圈 c 通电，从而使其触点恢复接通，确保在故障情况下也不中断直升机供电。R_{404} 为 C_{401} 提供放电回路，为下一次保护提供同样的断开闭合保护时间作准备。

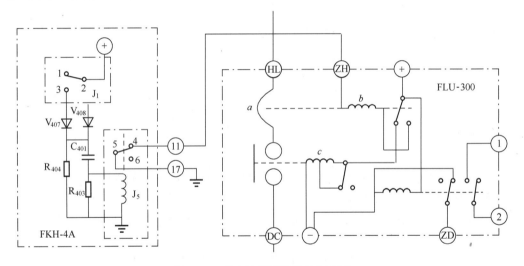

图 4-26 蓄电池反流保护控制电路

8. 应急停电控制

由于飞行中各种原因，如火警等，需要运行中的发电机停止发电，因此发控盒设有应急停电开关，合上开关后即跳开发电机磁场继电器，使发电机停止发电和供电。

9. 自检测

为了地勤维护工作的方便，发电机控制盒中设置了过电压和短路保护自检测按钮 N_1、N_2，用于判断过电压电路和馈线短路保护电路工作是否完好有效。在维护中，发电机正常工作时即可检查上述两个电路是否正常，当按下过压检测按钮 N_1 或短路检测按钮 N_2 时，若能使相应发电机停止发电（能使磁场继电器 J_1 断开激磁电路），则属正常。

第 5 章　直流发电机的并联供电

在直升机上，对于多台直流发电机的供电系统，每台发电机可以单独向各自的用电设备供电，也可以并联起来共同向用电设备供电。在并联供电的情况下，个别故障发电机从电网上切除后，不会导致电网断电，电网上的负载仍可不中断地获得电能供应，提高了供电的可靠性。此外，并联供电时，由于电网总容量增大，并联电源等效内阻小，在负载突变时，可减小电网电压的波动，这就改善了供电质量。

正因为并联供电存在着上述优点，因此在直升机的低压直流供电系统中得到广泛应用，即将型号和容量相同的两台或多台发电机并联起来向用电设备供电。

但是，发电机并联供电存在两个主要问题：一是负载分配的均衡性问题，也就是两台发电机分担的负载是否平均的问题。如果一台发电机输出电流大，而另一台发电机输出电流小，特别在总负载电流很大时，可能出现一台发电机输出负载很小，而另一台因超载而烧坏的情况。二是供电系统的稳定性问题，当并联供电不稳定时，会出现电压电流的不断振荡，严重时可能造成电源系统中某些部件的损坏，以致丧失供电能力。

本章重点讨论两台发电机并联供电的均衡性和稳定性问题，对这些问题的分析，也适应于多台直流发电机的并联供电系统。

5.1　并联供电负载分配的均衡性

5.1.1　负载均衡分配的条件

两台直流发电机并联供电原理电路如图 5-1 所示。图中 U_1、U_2 为发电机 G_1 和 G_2 的调节点电压，U 为电网电压（汇流条电压），R_{+1}、R_{+2} 为调压器电压调节点到汇流条的等效电阻（正端电阻），I_1、I_2 是发电机 G_1 和 G_2 的输出电流，I 是负载电流。

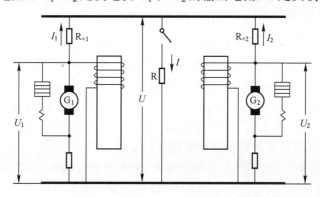

图 5-1　两台直流发电机并联供电原理电路

由图 5-1 可得如下方程

$$\begin{cases} U = U_1 - I_1 R_{+1} = U_2 - I_2 R_{+2} & (5\text{-}1) \\ I = I_1 + I_2 & (5\text{-}2) \end{cases}$$

由式（5-1）、式（5-2）可求出两台发电机各自的输出电流 I_1、I_2 为

$$I_1 = \frac{U_1 - U_2}{R_{+1} + R_{+2}} + I \frac{R_{+2}}{R_{+1} + R_{+2}} \tag{5-3}$$

$$I_2 = -\frac{U_1 - U_2}{R_{+1} + R_{+2}} + I \frac{R_{+1}}{R_{+1} + R_{+2}} \tag{5-4}$$

两台发电机负载分配的均衡程度，可用两台发电机的输出电流差 ΔI 表示，有

$$\Delta I = I_1 - I_2 = \frac{2(U_1 - U_2)}{R_{+1} + R_{+2}} + I \frac{R_{+2} - R_{+1}}{R_{+1} + R_{+2}} \tag{5-5}$$

由式（5-5）可见，要使两台发电机负载均衡分配，即 $\Delta I = 0$，必须同时满足下面两个条件：

（1）两台发电机电压相等，即 $U_1 = U_2$。
（2）两台发电机的正端电阻相等，即 $R_{+1} = R_{+2}$。

满足上述两个条件，负载分配就是均衡的。这时，两台发电机的输出电流 I_1、I_2 都等于负载电流 I 的一半，当负载电流增加时，电流 I_1 和 I_2 都按照同样的比例增大，电流差恒等于零。此时，负载电流 I 与发电机输出电流 I_1、I_2 的关系如图 5-2 所示。

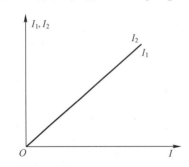

图 5-2　$U_1 = U_2$、$R_{+1} = R_{+2}$ 时负载分配图

5.1.2　负载的分配规律

要使负载均衡分配的两个条件同时具备，实际上是很难做到的。比如，两个调压器的调压准确性不可能完全一致，两台发电机的转速不可能完全相同，这都会引起两台发电机电压不可能完全相等；各导线连接处的拧紧程度及清洁程度不可能完全相同，发电机输出电路中接触器触点的接触电阻很可能有差异，这就会引起正端电阻不等。下面分析均衡条件不满足时，对负载均衡分配的影响。

1. 仅发电机电压不等时的负载分配规律

研究仅发电机电压不等时的负载分配规律，就是要找出当 $U_1 > U_2$（或 $U_1 < U_2$）、$R_{+1} = R_{+2}$ 时，两台发电机输出电流 I_1、I_2 以及电流差 ΔI 与负载电流 I 的关系。

设 $U_1 > U_2$、$R_{+1} = R_{+2}$，将条件代入式（5-3）～式（5-5），得

$$I_1 = \frac{U_1 - U_2}{2R_{+1}} + \frac{1}{2}I \tag{5-6}$$

$$I_2 = -\frac{U_1 - U_2}{2R_{+1}} + \frac{1}{2}I \tag{5-7}$$

$$\Delta I = \frac{U_1 - U_2}{R_{+1}} \tag{5-8}$$

由式（5-6）和式（5-7）可见，发电机输出电流 I_1、I_2 与负载电流仍为线性关系。而式（5-8）表明，两台发电机电流差 ΔI 与负载电流大小无关，仅与两台发电机电压差有关。

下面根据式（5-6）和式（5-7）画出负载分配规律，如图 5-3 所示。

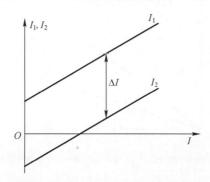

图 5-3　$U_1>U_2$、$R_{+1}=R_{+2}$ 时负载分配图

由图 5-3 可见，仅电压不等时负载分配有如下规律：

（1）负载电流为零时，发电机电流不为零，一台发电机为正，一台发电机为负，绝对值相等，电压高的发电机向电压低的发电机反流，其值为 $(U_1-U_2)/2R_{+1}$。

（2）如果接通负载，则随总负载电流的增加，反流值逐渐减小，由式（5-7）可知，当总负载电流 I 增大到 $(U_1-U_2)/R_{+1}$ 时，电压低的一台发电机流过的反流为零，如果负载电流继续增加，电压低的一台发电机也开始输出。

（3）在任一负载下，电压高的发电机输出电流大，电压低的发电机输出电流小，因为在 $R_{+1}=R_{+2}$ 的条件下，汇流条电压 $U=U_1-I_1R_{+1}=U_2-I_2R_{+2}$，由于 $U_1>U_2$，必然有 $I_1>I_2$。

（4）负载电流变化时，两台发电机输出电流都变化。负载电流增加，两台发电机的输出电流也增加；负载电流减小，两台发电机的输出电流也减小。两台发电机输出电流的增加或减小的数值相等。

（5）两台发电机输出电流差 ΔI 与负载电流大小无关，当正端电阻一定时，两台发电机电压差越大，电流差也越大。

2. 仅正端电阻不等时的负载分配规律

仅正端电阻不等时的负载分配规律，即指 $U_1=U_2$、$R_{+1}<R_{+2}$（或 $R_{+1}>R_{+2}$）时两台发电机输出电流及电流差与负载电流 I 的关系。

从并联供电基本表达式（5-3）～式（5-5），得

$$I_1 = \frac{R_{+2}}{R_{+1} + R_{+2}} I \tag{5-9}$$

$$I_2 = \frac{R_{+1}}{R_{+1} + R_{+2}} I \tag{5-10}$$

$$\Delta I = \frac{R_{+2} - R_{+1}}{R_{+1} + R_{+2}} I \tag{5-11}$$

从式（5-9）～式（5-11）可知，两台发电机输出电流 I_1、I_2 在 I_1、I_2 与 I 的平面坐标中是经过坐标原点的两根直线，斜率分别为 $\frac{R_{+2}}{R_{+1} + R_{+2}}$ 和 $\frac{R_{+1}}{R_{+1} + R_{+2}}$。

图 5-4 所示为 $U_1=U_2$，$R_{+1}<R_{+2}$ 时负载分配规律。

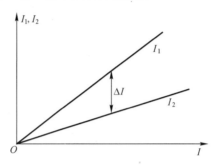

图 5-4　$U_1=U_2$、$R_{+1}<R_{+2}$ 时负载分配图

设 $R_{+1}=0.0025\Omega$，$R_{+2}=0.005\Omega$

若负载电流 $I=120$A，则 $I_1=80$A；$I_2=40$A。

$I=150$A，则 $I_1=100$A；$I_2=50$A。

$I=300$A，则 $I_1=200$A；$I_2=100$A。

计算结果和图 5-4 都表明 $U_1=U_2$，$R_{+1}<R_{+2}$ 时，负载分配规律有如下特点：

（1）未接通负载时，两台发电机均无输出。

（2）如接通发电机负载时，则正端电阻小的发电机输出电流大，正端电阻大的发电机输出电流小，而且两台发电机输出电流都与负载电流成正比。

（3）负载电流增大时，两台发电机输出电流都增大，但由于 $R_{+1}<R_{+2}$ 时，$R_{+2}/(R_{+1}+R_{+2})>R_{+1}/(R_{+1}+R_{+2})$。可见，正端电阻小的发电机输出电流增加得快，正端电阻大的发电机输出电流增加得慢。

（4）两台发电机电流差 ΔI 与负载电流 I 成正比。负载电流大，两台发电机电流差就越大，反之越小。在负载电流 I 一定时，两台发电机电流差的大小与正端电阻差值有关。正端电阻相差程度越大，电流差越大，负载分配越不均衡。

3. 两台发电机电压和正端电阻都不等时的负载分配规律

两台发电机电压和正端电阻都不等时，电流 I_1、I_2 及 ΔI 与负载电流 I 的关系式为式（5-3）～式（5-5）所示。这里可能出现两种情况：一是一台发电机电压高，正端电阻也大，另一台发电机电压低，正端电阻也小；二是一台发电机电压高，但正端电阻小，另一台发电机电压低，但正端电阻大。下面分别以 $U_1>U_2$，$R_{+1}>R_{+2}$ 和 $U_1>U_2$，$R_{+1}<R_{+2}$ 为例进行讨论。

1）$U_1>U_2$，$R_{+1}>R_{+2}$

由前面分析可知，$U_1>U_2$ 这个因素的作用是使 $I_1>I_2$，而 $R_{+1}>R_{+2}$ 这个因素的作用是使 $I_1<I_2$。可见，这种情况下，电压不等和正端电阻不等对负载分配的影响是矛盾的。在电压不等这个因素起主导作用时，第一台发电机输出电流 I_1 要比第二台输出电流 I_2 大，在正端电阻不等这个因素起主导作用时，I_1 要小于 I_2，而当两种因素的作用恰好均衡时，I_1 应等于 I_2。下面先计算一个实例。

设 $U_1-U_2=0.25V$，$R_{+1}=0.005\Omega$，$R_{+2}=0.0025\Omega$，根据式（5-3）～式（5-5），计算结果为

$I=0A$	$I_1=33.3A$	$I_2=-33.3A$
$I=60A$	$I_1=53.3A$	$I_2=6.7A$
$I=200A$	$I_1=100A$	$I_2=100A$
$I=300A$	$I_1=133.3A$	$I_2=166.7A$

画出负载分配规律如图5-5所示。

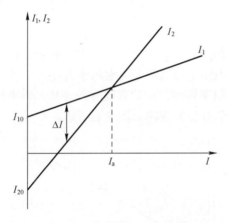

图 5-5　$U_1>U_2$、$R_{+1}>R_{+2}$ 时负载分配图

空载时，两台发电机输出电流不等，这是由于两台发电机电压不等造成的，与正端电阻不等无关。

在负载电流较小时，两台发电机输出的电流也较小，因而正端电阻上的压降也比较小，正端电阻不等对负载分配的影响与两台发电机电压不等对负载分配的影响相比较，后者是主要的，因此导致 $I_1>I_2$ 的结果。随负载电流的增加，正端电阻的影响越来越明显，I_1 虽仍大于 I_2，但两者差值越来越小，当总负载电流达到某值 I_a 时（如计算例中 $I=200A$），由于两个不等（$U_1>U_2$，$R_{+1}>R_{+2}$）的因素，对负载分配的影响恰好均衡，则使两台发电机输出的电流相等，电流差为零。

当负载电流再继续增大时，正端电阻不等对负载分配的影响起主导作用，两台发电机输出电流由 $I_1>I_2$ 转化为 $I_1<I_2$，而且随负载电流的继续增大，两台发电机电流差越来越大。

在对电源系统进行并联检查时，若发现两台发电机电流差在开始时随负载电流增大而减小，而后又增大，并且两台发电机输出电流大小关系颠倒过来，这说明两台发电机电压和正端电阻都不等，而且电压高的那台发电机，正端电阻也大。

总之，当 $U_1>U_2$，$R_{+1}>R_{+2}$ 时负载分配规律有如下特点：

（1）负载电流小于 I_a 时，电压高的发电机输出的电流大，电压低的发电机输出的电流小；负载电流等于 I_a 时，两台发电机输出的电流相等；负载电流大于 I_a 时，正端电阻小的发电机输出电流大，正端电阻大的发电机输出电流小。I_a 的数值可令式（5-5）为零时求得，即 $I_a=2(U_1-U_2)/(R_{+1}-R_{+2})$。

（2）两台发电机的输出电流都随负载电流的增加而增加，但两台发电机输出电流增加速度不同。

从式（5-3）、式（5-4）可以看出，因 $U_1>U_2$，电流 I_1 直线在纵坐标上的截距为正，但由于 $R_{+2}<R_{+1}$，因而直线斜率小，输出电流增加得慢，而电压低的一台发电机，直线 I_2 在纵坐标上的截距为负，但直线斜率大，输出电流增加得快。

（3）两台发电机输出电流差 ΔI 随负载电流 I 变化。负载电流小于 I_a 时，电流差随负载电流增大而减小；负载电流为 I_a 时，两台发电机输出电流相等，电流差为零；负载电流大于 I_a 时，电流差随负载电流增大而增大，但两台发电机输出电流大小关系颠倒。

2）$U_1>U_2$，$R_{+1}<R_{+2}$

这时，负载分配规律仍用式（5-3）～式（5-5）表示。但与前述情况不同的是，两台发电机电压不等和正端电阻不等这两个因素均使 $I_1>I_2$。

I_1 的直线截距为正、斜率较大，I_2 的直线截距为负、斜率较小。两台发电机电流差随负载电流增加而增加，负载分配规律如图 5-6 所示。

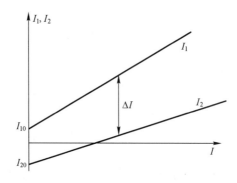

图 5-6　$U_1>U_2$、$R_{+1}<R_{+2}$ 时负载分配图

由图 5-6 可见，这种情况下的两台发电机输出电流的均衡性很差。

总之，两台发电机电压不等和正端电阻不等，对负载分配的影响是很大的。如果两台发电机正端电阻都是 0.0025Ω，而两台发电机电压差为 0.5V 时，则电流差 ΔI=200A。

如果两台发电机电压相等，但正端电阻相差一倍时，也同样会造成很大的电流差。例如，某型直流发电机额定输出电流为 200A，若两台发电机并联，一台发电机正端电阻为 0.005Ω，另一台为 0.0025Ω，两台电机电压相等，总负载电流为 300A，则 ΔI=100A。显然，一台发电机将输出 200A，已满载，而另一台发电机仅输出 100A，为额定输出电流的一半。

可见，当两台发电机并联供电时，必须采取措施减小它们之间的电流差，使负载分配尽量趋于均衡，否则将降低电源系统供电可靠性。为此，在电源系统构成时，除了尽可能使两台发电机所对应的电路对称，使各有关元件的参数一致外，还应设置负载的均衡装置。

5.1.3 提高负载分配均衡性的措施

基于以上分析可以看出，负载均衡分配是提高并联电源容量利用率的基本条件，为此必须设置自动均衡电路。

均衡电路的功用是当并联供电的两台发电机输出电流分配不均衡时，能自动将输出电流大的发电机电压降低一些，将输出电流小的发电机电压升高一些，使两台发电机的负载分配趋于均衡。

由于各供电系统采用的调压器形式不同，均衡方式存在差异。

1. 炭片调压器的均衡电路

炭片调压器的均衡装置是由均衡线圈和均衡电阻构成。均衡线圈绕在炭片调压器的铁芯上。均衡电阻是一个阻值很小，且电阻值基本不受温度影响的镍铬合金电阻，每台发电机都有一个，阻值相等，用 R_{j1} 和 R_{j2} 表示。两台发电机的均衡线圈用 W_{j1} 和 W_{j2} 表示。均衡装置的原理电路如图 5-7 所示。

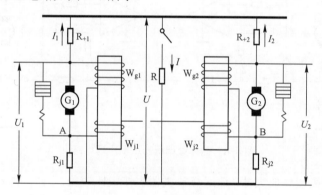

图 5-7 均衡装置原理电路图

由图 5-7 可见，两个均衡线圈 W_{j1} 和 W_{j2} 相互串联，跨接在两台发电机的负端。两个均衡电阻接在各自发电机的负端与直升机机体之间。

当负载分配不均衡时，两台发电机输出电流 I_1 和 I_2 不等，由于两台发电机均衡电阻相等，则不相等的输出电流在均衡电阻两端造成不等的电压降，由于两个均衡电阻的一端共同接于机体，电位相等，则两均衡电阻的另一端必然电位不等，形成电位差，即图 5-7 中发电机 G_1 的 A 点和发电机 G_2 的 B 点之间的电位差。设第一台发电机输出电流大于第二台发电机输出电流，即 $I_1>I_2$，则 R_{j1} 上的电压降大于 R_{j2} 上的电压降，此时，A 点的电位 ϕ_A 小于 B 点电位 ϕ_B，即 $\phi_A<\phi_B$，在该电位差作用下，就有电流自 B 点经发电机 G_2 的均衡线圈 W_{j2}、发电机 G_1 的均衡线圈 W_{j1} 到 A 点，该电流称为均衡电流，用 I_j 表示。

I_j 自 B 点经均衡线圈流向 A 点时，在两均衡线圈中将产生磁动势，两线圈产生磁动势的方向可以从图 5-7 中做出判断。在第一台发电机的炭片调压器铁芯上，均衡线圈磁势与工作线圈磁势同方向，增强了铁芯磁通，电磁吸力增大，炭柱被拉松一个距离；在第二台发电机的炭片调压器铁芯上，均衡线圈磁势与工作线圈磁势相反，减弱了铁芯磁通，电磁吸力减小，炭柱被压紧一个距离。于是第一台发电机电压下降，第二台发电机电压上升，结果使电流 I_1 减小，I_2 增大，使两台发电机的负载趋向于平衡，减小两台发电机的电流差。

总之，在炭片调压器中，均衡装置均衡负载的原理，就是利用接在两台发电机负端电路上的两个阻值相等的均衡电阻感受两台发电机的输出电流差，并将电流差转变为电压信号，加在两个炭片调压器的均衡线圈两端改变调压器电磁铁的电磁吸力，使输出电流大的发电机的电压适当降低，输出电流小的发电机电压适当升高，从而减小电流差，使负载分配趋向均衡。

2. 晶体管调压器的均衡电路

晶体管调压器的均衡装置主要由均衡敏感电阻和均衡电阻组成。均衡敏感电阻为 R_{20}，均衡电阻为直流发电机串激激磁绕组和电流表分流器的合成电阻。均衡电路原理如图 5-8 所示。

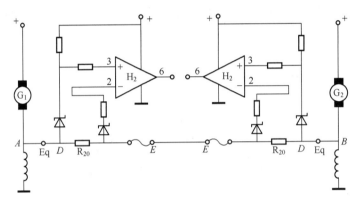

图 5-8　晶体管调压器均衡原理电路

图中 H_2 为均衡运算放大器，该运算放大器也接成比较器，当"3"端电压 U_3 大于"2"端电压 U_2，即 $U_3>U_2$ 时，H_2 输出高电平；当 $U_3<U_2$ 时，H_2 输出低电平。H_2 输出端控制发电机调压电路的末级晶体管，使其导通比增大或减小，进而控制激磁电流和发电机电压的变化。

两台发电机的均衡敏感电阻 R_{20} 的一端经调压保护器 D 点与发电机负端相接，设左发该点为 A，右发电机该点为 B。电阻 R_{20} 的另一端经熔断器到调压保护器的 E 点，左、右两台发电机的调压保护器 E 点直接相连。电阻 R_{20} 与 D 点相接的一端接到均衡运算放大器 H_2 的"3"端，电阻 R_{20} 的另一端接到均衡运算放大器 H_2 的"2"端。

当两台发电机的负载分配不均衡时，一台发电机输出电流大，另一台发电机输出电流小，均衡装置敏感两台发电机电流差，并形成控制信号，使输出电流大的一台发电机的晶体管导通比减小，以降低该台发电机电压，减小其输出电流，与此同时，使输出电流小的一台发电机的晶体管导通比增大，以提高该台发电机电压，增大其输出电流，使两台发电机输出电流差 ΔI 减小，负载趋向平衡。

设发电机 G_1 输出电流小，发电机 G_2 输出电流大，即 $I_1<I_2$，则 G_1 均衡电阻上的电压降比 G_2 均衡电阻的电压降小，A 点电位将高于 B 点电位，即 $\phi_A>\phi_B$，此时将有均衡电流 I_j 自 A 点经均衡敏感电阻 R_{20} 流向 B 点，发电机 G_1 的均衡敏感电阻 R_{20} 的左端电位高于右端电位，其左端与运放 H_2 的"3"端相连，右端与运放 H_2 的"2"端相连，显然 $U_3>U_2$，H_2 输出高电平，晶体管导通，如图 5-8 所示，调压电路中的发电机电压检测电位计电位下降，输入运放的电压下降，根据晶体管调压原理可知，这将使发电机 G_1 调压电路中晶体管的导通比增大，使 G_1 电压上升。与 G_1 均衡装置工作情况的分析方法相同，可以经分析得出发电机 G_2 电压在均衡装置作用下将下降。发电机 G_1 电压上升，其输出电流 I_1 增大，发电机 G_2 电压下降，其输出电流 I_2 减小，使负载分配趋向均衡。

需要指出，均衡装置不能完全消除电流差。均衡装置均衡负载的作用是基于两台发电机存在电流差，如果没有电流差，均衡装置就不起作用了。所以，均衡装置不可能使负载完全均衡，它只能把电流差减小到没有均衡装置的 1/6～1/8。

5.2 并联供电的稳定性

并联供电的稳定性是指系统在过渡过程中所表现出来的特性，即动态特性。过渡过程是指在发电机并联供电系统中，当负载电流或其他电路参数发生变化引起发电机输出电流变化时，进行负载重新均衡的过程，也就是供电系统从一个相对静止状态向另一个相对静止状态转化的过程。在过渡过程中，两台发电机的电压和电流将发生不同程度的振荡，电压、电流振幅越小、衰减时间越短，稳定性越好，反之，稳定性越差。

并联供电的稳定性比单台发电机供电时要差，换句话说，在并联供电系统中的两台发电机，当它们单独供电时如果是稳定的，在并联供电时就不一定稳定。

并联供电的不稳定性表现为各并联工作的发电机电压、电流呈现振荡状态，会使用电设备不能正常工作，并且可能使供电系统的某些机件受到损坏，因此必须采取措施。

5.2.1 并联供电时电压和电流的振荡

图 5-9 所示为两台直流发电机（与炭片调压器配套）和一个蓄电池组成的并联供电系统，当发电机在高转速状态通断负载时可能出现的电压电流振荡波形，图中 I_1、I_2 表示发电机电流，I_x 表示蓄电池电流，U 表示汇流条电压。

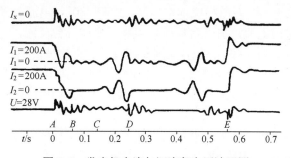

图 5-9 发电机电流与汇流条电压波形图

稳定状态下，两台发电机都有额定负载 200A，电流 I_1、I_2 和电压 U 都是稳定的，如图 5-9 中 A 点前所示，当突然去掉负载时，即 A 点后两台发电机电流 I_1 和 I_2 出现此升彼降的振荡现象，与此同时，电网电压 U 和蓄电池电流 I_x 都出现振荡现象，这种振荡一直持续到重新加上额定负载时才稳定下来，见图 5-9 中 E 点。

去掉负载时,在调压器的调节下,两台发电机电压将出现振荡现象,如图 5-10 所示。由于两个调压系统的惯性不相同,两台发电机电压 U_1 和 U_2 的振荡幅度及周期也不可能完全一致,它们之间不可避免地要出现相位差。由于电压 U_1 和 U_2 振荡的相位不同,在两台发电机之间便产生电压差,并且它的大小和方向随电压的振荡而不断变化。正是由于这个缘故,引起了两台发电机输出电流 I_1 和 I_2 的振荡,而且在调压器作用下,又使得 I_1 和 I_2 的振荡具有此升彼降的特点。

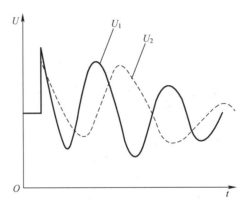

图 5-10 断开负载时,发电机电压的振荡波形

在断开负载的一瞬间,见图 5-9 中时标 A 点,两台发电机电压都突然上升,随后在调压器的调节下,两台发电机的电压都要下降。可是由于两个调节系统的特性不同。U_1 下降快,U_2 下降慢,因此发电机 G_1 和 G_2 将先后出现反流。在 U_1 下降到最低点,并开始回升时,电压 U_2 由于振荡周期长,却仍然在继续下降,于是在两台发电机之间便产生了逐渐增大的电压差。在这个电压差的作用下,发电机 G_1 输向发电机 G_2 的电流也逐渐增大,一直增大到使第二台发电机反流割断器工作,将发电机 G_2 的输出电路断开,脱离电网为止,见图 5-9 中时标 B 点。此后,两台发电机的电压继续振荡,到时标 C 时,出现了电压 $U_1<U_2$ 的情形,这时发电机 G_2 又重新接入电网,并向发电机 G_1 反流。此时,发电机 G_1 的调压器力图使电压 U_1 升高,而发电机 G_2 的调压器则力图使电压 U_2 降低,结果,两台发电机电压 U_1 和 U_2 的相位基本相反,约差 180°,电流 I_1 和 I_2 便出现此升彼降的振荡现象,一台输出电流,另一台反流,随后又变成一台反流,另一台输出电流。这种振荡持续到时标点 D 时,发电机 G_2 又因反流过大,再次被反流割断器断开输出电路,脱离电网。此后,由时标 B 点到时标 D 点内的这种电压和电流振荡现象将重复出现,并联供电系统处于不稳定状态。当再次接通负载时,见图中时标 E 点,这种振荡现象才消失。

由以上分析可以看出,虽然各套电源调压系统的动态性能分别符合技术要求,但其具体指标不能完全相同,因而会有不同的过渡过程。并联后当受到较大干扰时,各调压点瞬时电压变化规律不同,引起各台发电机电流复杂变化,而电流的变化又会对瞬时电压产生影响,如果协调不好就会出现不稳定现象。不但使用电设备不能正常工作,而且反流割断器的触点时通时断,很易损伤,炭片调压器的炭柱也会被烧伤,甚至烧结在一起。因此,供电系统中必须防止这种不稳定现象的发生。

5.2.2 提高并联供电稳定性的措施

这里以两台直流发电机（与炭片调压器配套）和一个蓄电池组成的并联供电系统为例进行分析。

1. 稳定电阻

稳定电阻原理电路如图 5-11 所示，图中 $R_稳$ 是稳定电阻，其作用是：当转速或负载突然改变时，不使调压过猛。其工作情况如下：当发电机的转速突然增大或负载突然减小时，引起端电压突然升高，通过 $W_工$ 的电流也突然增大，如果没有 $R_稳$，炭片将被瞬间拉松，使发电机的电压立即降低；由于 $R_稳$ 的存在，当炭片突然放松后，炭柱电阻增大，这时 1 点电位将高于 2 点电位，电流由 1 点流向 2 点，分流了 $W_工$ 的一部分电流，使 $W_工$ 的电流减小一些，电磁吸力减小一些，就不致使电压突然升高后炭片拉得过松。同时，发电机激磁线圈又增加了一部分由 1 点流向 2 点的电流，使电压不致突然减小过多，这样振幅减小，电压就可以很快稳定。同样，当转速突然降低或负载突然增大引起端电压降低的情况，$R_稳$ 的作用也一样。

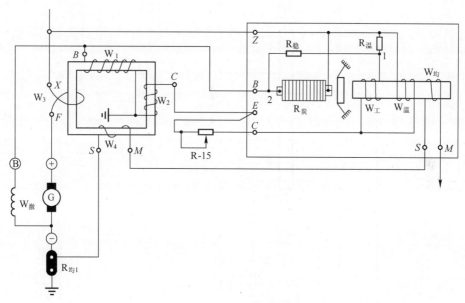

图 5-11 稳定电阻原理电路

2. 稳定变压器

一种典型加装稳定变压器以提高工作稳定性的直流并联电源系统原理电路，如图 5-12 所示。

从图 5-12 可见，稳定变压器的铁芯上共绕有 4 组线圈，分别为 W_1、W_2、W_3 和 W_4，它们同绕在一个口字形铁芯上，其中 W_1 为初级线圈与激磁绕组线圈并联来感受电压的变化；W_2 为次级线圈，与调压器的工作线圈 W_g 串联，借助于互感作用将 W_1 或 W_3 中的电压与电流的变化量反馈到工作线圈，用以改变工作线圈电流提高系统的稳定性；W_3 为初级线圈，串联在电枢电路中，用来感受负载电流变化；W_4 为均衡稳定线圈，与调压器均衡线圈 W_{jh} 串联，用来提高并联供电时的稳定性，当发电机单独供电时，W_4 不起作用。

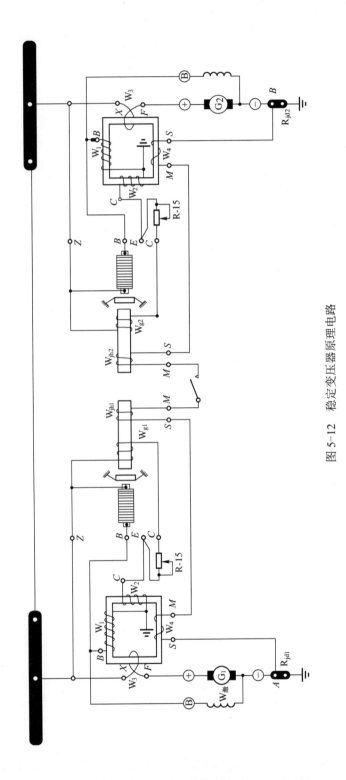

图 5-12 稳定变压器原理电路

首先讨论线圈 W_3 和 W_2 是如何配合提高并联供电稳定性的。

设两台发电机的电压和电流正处于振荡的动态过程中，第一台发电机的调压器衔铁正在电磁性调节作用力的作用下使炭柱放松，电压 U_1 正在下降，输出电流 I_1 正在减小，因此，W_3 线圈中的磁势也要减小，并在 W_2 线圈中感应出与调压器工作线圈电流方向相反的感应电势，从而削弱了电磁性调节作用力，使炭柱放松的运动速度减慢，衔铁不会向铁芯方向移动太多，这样，第一台发电机的电压 U_1 和输出电流 I_1 就不会减小过多，从而提高了稳定性。与此同时，第二台发电机的调压器衔铁正在机械力作用下压紧炭柱，电压 U_2 在上升，输出电流 I_2 在增加，因而第二台稳定变压器的 W_3 线圈中磁动势要增加，并在 W_2 线圈中感应出与调压器工作线圈电流同方向的感应电势，增大了电磁力，削弱了机械性调节作用力，使衔铁压紧炭柱的运动速度减慢，因而使衔铁不致离开铁芯太远，使 U_2 不致升高太多，I_2 也不致增大太多，这样达到抑制电流振荡的目的，也就提高了稳定性。既然两台调压器的稳定性都得到了提高，并联供电的稳定性也就提高了。

下面讨论 W_3 与 W_4 线圈配合提高稳定性的原理。

在上述过程中，W_3 中磁动势的变化同样要在 W_4 中产生感应电势。由图 5-12 可见，不论 I_1 和 I_2 中哪一个数值大，只要系统处于 I_1 正在减小而 I_2 正在增大的过程中，则两个稳定变压器中的 W_4（均衡稳定线圈）里所产生的感应电势方向都是由均衡电路中的 A 点指向 B 点。

在 I_1 减小 I_2 增加的过程中会出现两种情况，如图 5-13 所示。

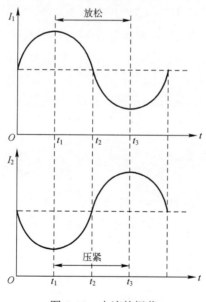

图 5-13 电流的振荡

第一种情况是，I_1 仍然大于 I_2。这种情况下很容易判断出均衡电流的方向是自图 5-12 中的 B 点指向 A 点。由于第一台调压器正处于炭柱放松的动态过程中，而该台调压器均衡线圈磁势又恰好与工作线圈磁势同方向，因而使衔铁拉松炭柱时的速度加大，易产生较大过调，使电压 U_1 下降幅度增大。同样可分析出，第二台调压器均衡线圈磁势又恰好与工作线圈磁势方向相反，因而使衔铁拉松炭柱时的速度加大，易产生较大过调，使电

压 U_2 上升幅度增大。综上所述可知，均衡装置在这种情况下会降低并联供电的稳定性。但从前面对 W_4 中感应电势方向的分析又知，W_4 中感应电势方向是自图 5-12 中的 A 点指向 B 点，刚好与均衡电流方向相反，因而削弱了均衡电流对并联供电稳定性的不良影响，提高了并联供电的稳定性。

第二种情况是，当 I_1 下降到一定程度，I_2 上升到一定程度时，将出现 $I_2>I_1$ 的情况，如图 5-13 中的 $t_2 \sim t_3$ 区间所示。此时，均衡电流改变方向，自图 5-12 中的 A 点指向 B 点。在第一台调压器中，均衡线圈磁势与工作线圈磁势方向相反，削弱了炭柱放松的速度，提高了稳定性。而第二台调压器中，均衡线圈磁势与工作线圈磁势方向相同，削弱了炭柱压紧的速度，提高了稳定性。与此同时，W_4 中感应电势方向仍然自 A 点指向 B 点，和均衡电流同方向，因而增强了此种情况下均衡电流提高稳定性的良好作用，使整个并联供电的稳定性得到提高。

通过以上的分析可以看出，并联系统中采用稳定变压器以后，可以增加系统的阻尼，抑制动态过程中电流的振荡，增加了系统的稳定性。

第6章 直升机电网

直升机电网是将电源的电能传输分配到用电设备的环节。它由传输电能的导线和电缆、连接导线（或电缆）的插销和接线盒等连接装置、控制用电设备和电路通断的控制装置、防止导线和设备受短路和过载危害的保护装置等组成。

6.1 导线及其连接装置

6.1.1 导线和电缆

直升机上的导线和电缆构成配电系统的主干线，它们在用电设备各部分之间，以及在设置于直升机各区域的设备之间传输各种形式的电气参数和电能。

导线通常由单根实心棒或多股细铜丝绞合而成，为防止铜的氧化，铜丝外涂有锡、镍等金属保护层，包裹在由聚氯乙烯绝缘塑料和一层棉纱编织护套的绝缘层内，有的绝缘层由聚四氟乙烯或玻璃丝编织护套构成，导线外套有保护套管。

根据工作电压的不同，导线可以分为低压导线和高压导线。低压导线的绝缘层比较薄，适用于交流250V以下或直流500V以下的线路。高压导线的绝缘层较厚，适用于电压高达几千伏、上万伏的发动机点火线路。图6-1所示为常见的直升机上应用的导线。

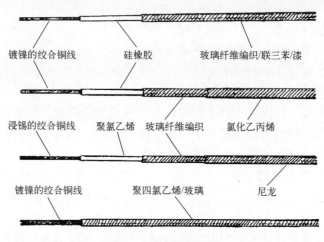

图6-1 典型导线结构

电缆是由一根或多根相互绝缘的导体外包绝缘层和保护层制成，将电力或信息从一处传输到另一处的导线。图6-2所示为直升机上常见的电缆。

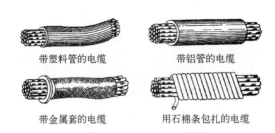

图 6-2　典型电缆结构

电缆是机载设备的重要组成部分，其结构大同小异。根据其用途不同，可以分为非屏蔽电缆和屏蔽电缆两大类。非屏蔽电缆主要用于电气设备，屏蔽电缆主要用于传输信号。容易产生电磁干扰的电缆外面要套有防波套，有些地方还要进行防油、防水、防摩擦的保护。在高温区的导线，还要套在耐热的硅橡胶管内。

1．导线、电缆的维护

在实际使用过程中，导线、电缆的故障率比较高，因而是平时重点维护的内容之一。在维护中要做到：

（1）查看电缆、连接插销、接地线是否清洁。

（2）防波套、胶布套有无破损，插销、接地线应保险良好。

（3）固定卡和固定带是否扣好，查看导线、电缆的固定方法和固定位置是否正确。

（4）防止油污、水分进入导线和绝缘套内部。

（5）导线、电缆应松紧适度，防止拉断。

（6）不应随意改变导线和电缆的安装位置，防止产生意外的干扰。

2．固定导线、电缆应符合的要求

（1）在固定电缆前，应先将电缆进行整理，使电缆平直，没有交叉，且相互之间绝缘良好。

（2）导线与机件引线口、外壳间不应有摩擦和挤压，也不应有外露的线芯和没有包扎绝缘物的空导线头，分散的导线应整理成束。

（3）电缆两个固定点间的距离不应超过 200～300mm。如果距离过大，受到振动后，电缆会摆动，天长日久导线就会折断。

（4）导线、电缆不应固定在经常拆卸的机件和活动的部位上。如果必须要固定在活动部位上，则电缆或导线应留有适当的自由活动的长度，但也不应留得过长，以免影响直升机操纵或操纵时拉断导线或发生碰撞、摩擦。

（5）导线、电缆不应固定在油料导管上，以免导线绝缘层磨破，造成短路而引起火灾。如果必须固定在油料导管上，则可用双圈金属固定卡固定，使导线不与导管相接触。

（6）固定较粗电缆且需要弯曲时，在可能的情况下应尽量使弯曲半径大些，以免造成断丝和折断。有些插销引出线，需要反折到插销上来固定的，也应当注意弯折的角度及半径。

（7）用来固定导线、电缆的胶带、金属固定卡和亚麻线，也要经常进行检查，发现有老化、裂纹或损伤的应及时更换。

3. 更换导线、电缆时应注意的问题

更换导线、电缆是一项细致的工作，如接线接错或长短不一，就可能烧坏机件或返工，更换时应注意以下问题：

（1）要使用原规格、型号的电缆和导线。如果没有相同的导线时，可以使用该说明书内规定可以使用的牌号，导线截面积不能小于规定值。

（2）导线、电缆的长度应与原来的长度一致。

（3）更换导线应做好标志，记住线号，防止接错线。要保持导线、电缆的清洁，防止油垢渗入。

（4）更换导线、电缆必须遵守有关技术规定：不准使用比原导线截面小的导线；不准使用酸性焊剂；导线中间折断时应更换整根导线，不得中间焊接；插头根部不应有外露芯线和断丝等。

（5）导线、电缆在直升机上的铺设位置不允许随意改动，固定应牢靠，并应注意防波和可能引起的线路干扰，搭地线要可靠。

（6）更换完毕，应用万用表逐根测量接地线是否正确和有无短路、断路现象，同时还要通电检查机件工作是否正常。

6.1.2 导线连接装置

为了完成配电系统各元件之间的连接，必须提供某些连接与断开措施。这些连接装置主要有接线盒（板）、插销等。图6-3所示为常用的几种连接装置。

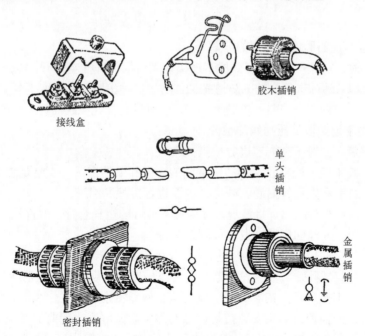

图6-3 连接装置

直升机上使用的插销一旦发生故障必须进行分解检查。由于其结构比较精巧，在分解检查时容易出错，所以作为维护人员，有必要掌握一定的插销分解检查知识。

根据插钉与导线的连接形式，插销分为压接插销和焊接插销两大类。压接插销具有结构简单、连接迅速（只要扭转90°即可插上或卸下）、体积小、重量轻、本身能自锁的特点，且可靠性好。

焊接插销种类很多，但其基本构造是相似的，所以，只要了解一种典型插销的分解检查方法，对其余插销的分解检查也就不难掌握了。下面以常见的 PD 型普通圆形低压插销为例，详细对其结构、分解和检查等内容进行介绍，其他插销参照这一方法，基本上可以顺利完成分解检查工作。

要分解和装配插销，必须对其结构进行充分了解和掌握，否则容易出现装配错误或损坏插销。PD 型低压插销的分解图如图 6-4 所示。插头里装有插孔，插座里装有插针。插头、插座的结构基本一致，均由插钉、胶木座、梳形胶木卡、钢纸圈、外壳和防退螺帽组成，插头上还装有连接螺帽。

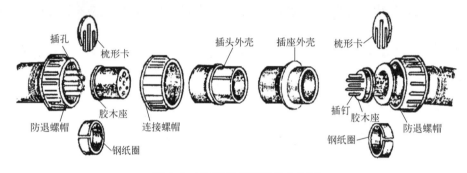

图 6-4　PD 型低压插销的分解图

1．PD 型普通圆形低压插销的分解

分解插销时，先拆开锁紧丝，并拧下连接螺帽将插头同插座分开，再分解开插头（或插座）防退螺帽后边的绑线，拧下防退螺帽，用手指顶出胶木座，取下外壳和连接螺帽，最后解开电缆上的捆扎带，取下防退胶木卡，就可以将插孔（或插钉）从胶木座中拔出。

2．PD 型普通圆形低压插销的检查

插销分解后，应对下列内容进行检查：

（1）检查胶木座、梳形胶木卡和钢纸圈的完好和清洁情况，查看是否存在着裂纹、折断、进水、进油和发霉等问题。若有，则要进行更换和清洗。

（2）检查插钉与导线的焊接情况。逐个退下插钉的塑料套管，检查是否存在着虚焊、脱焊及导线折断、断丝的问题，发现问题及时修理。

（3）检查插钉的完好情况。主要检查是否存在着断裂、有无烧伤痕迹及清洁情况。尤其是要注意检查插孔片，它易发生断片、裂纹问题，发现问题要及时更新。

（4）检查胶木座是否存在着炭化现象。这个问题特别容易发生在高、低压共用的插销里。此种情况的插销，如果安装在易进水的部位，分解后一定要加强检查，否则，易留下隐患，甚至导致故障无法排除。发现这种情况必须更换胶木座或更换插头（或插座），不允许刮除炭化层后继续使用。

（5）检查外壳、防退螺帽和连接螺帽的完好情况。查看是否存在裂纹、腐蚀和滑丝等问题，发现问题及时更新。

3. PD 型普通圆形低压插销的装配

插头、插座的装配方法和步骤基本一致，下面以插头为例进行介绍。

（1）将连接螺帽装到外壳上。

（2）依次将防退螺帽、钢纸圈套到导线上。

（3）按照电路图，根据导线与胶木座号码的对应关系（插孔后面连着的导线和胶木座上的每个孔上均有号码），对号入座地装入胶木座内。

（4）将梳形胶木卡插到插钉的颈部。

（5）小心地将装配好的插头芯插入外壳内胶木座、胶木卡上有凹下的槽口，外壳上有凸起的销，安装时必须注意对准。

（6）用钢纸圈顶好梳形胶木卡。

（7）将防退螺帽拧紧。

（8）装配好后进行通路、绝缘及错线等测量，确认良好后，装配工作结束。

4. 搭铁

搭铁在一定程度上可以看作是一种连接装置（也可看作是保护装置），它是用可靠的导线将直升机附件和设备的所有金属部分与壳体连接。几种常用的搭铁方法如图 6-5 所示。

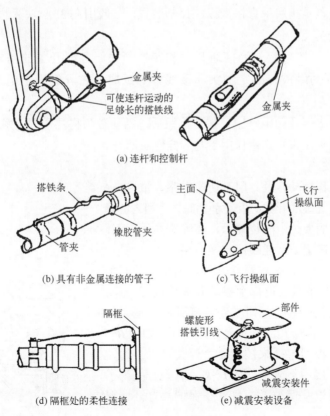

图 6-5　常用的搭铁方法

直升机在空中飞行时,由于与空气、水汽、尘埃等摩擦而带电,大气中存在着静电场,直升机在静电场中也会感应带电。直升机带上大量的电荷以后,由于电荷在各处的分布密度不同,因此在不同的机体部位之间会产生较大的电位差。当电位差达到一定值时,在机体表面上便会产生火花放电。火花放电不仅严重干扰了电子设备的工作,而且极易在油箱或油管处发生火灾,另外直升机着陆后,如机组人员或地勤人员接触机体,会击伤人员。因此,必须安装搭铁线,来消除和预防以上的危害。

6.2 电路控制装置

电路控制装置是用来接通、断开或转换电路的装置。由于电路的工作情况不同,对电路控制装置的具体要求也不一样,但基本要求是一致的,即接触点的通断要迅速,以减小接触点通断时出现的火花;接触点接触时要有一定的压力,以保证接触良好。要实现这些要求,针对不同的电路必须采取不同的方法,因而就出现了结构不同、原理不同、性能和操作方法不同的许多控制装置。按操作方法来分,控制装置有手动控制装置、机械控制装置和电磁控制装置3种。

6.2.1 手动控制装置

手动控制装置是指用手直接操纵的控制装置,一般用在35A以下的控制电路中。它包括开关和按钮两类。

开关(电门)按功能分为接通开关和转换开关。各型开关的基本结构相同,由手柄、弹簧、活动触头、固定触头和接线钉等组成。它一般用于电源和控制信号的电路中。

按钮用于短时接通的电路中。按下按钮后,活动触头将几个固定触头同时接通;松开按钮,活动触头在恢复弹簧作用下与固定触头断开。

1. 拨动开关

拨动开关又称扳动开关,用于切换电路,如图6-6所示是一个单位置拨动开关。扳动手柄时,手柄内的弹簧被压缩,当手柄扳过中间位置后,在弹簧的作用下,活动接触点便迅速运动,通断或转换电路。

在实际应用中,某些需要若干独立电路中的开关同时动作,采用一条联杆把每个拨动开关连接在一起,即将各开关联装在一起,同时实现各开关的联动,如图6-7所示。另一种形式的开关是限动开关,如图6-8所示,它通过一根锁定杆来控制哪个开关可以接通,避免由于疏忽而接通不应工作的开关。有些开关为了避免误操作,还设有保护盖,只有在保护盖打开情况下才能操纵开关。

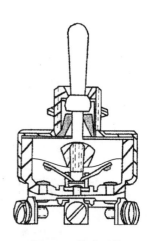

图6-6 拨动开关

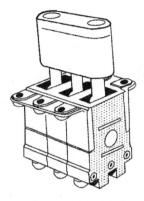

图 6-7 联动开关

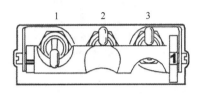

图 6-8 限动开关

2. 旋转开关

旋转开关适应于多电路的选择与控制，在直升机上的典型应用就是单个电压表或电流表读出多个汇流条电压或电流，还有就是系统的检查旋转开关、状态选择开关、温度给定器旋转开关等。在某些情况下，将旋转开关和变阻器组合在一起，用于通断电路并可以调节电流值，通常用于仪表板照明或是亮度调节。旋转开关如图 6-9 所示。

旋转开关一般由旋转手柄、手柄轴、滑动触片和环片等组成。当开关旋转时，旋转手柄带动其上的滑动触片转动，滑动片在环形片上的位置改变，从而控制不同的电路通断。

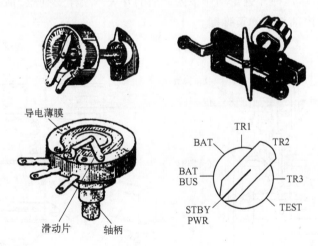

图 6-9 旋转开关

3. 按钮

按钮主要用于短时接通的电路中，即当电路需要暂时闭合或中断时，或者需要短时间经过另一路径时使用。常用的按钮有"按合"式、"按断"式或双动作式。按钮具有插棒、复原弹簧、触点等，按钮有 2 个或 3 个固定接触点，当按下按钮时，可以接通（或断开）一条或两条电路，松开按钮时，在恢复弹簧的作用下，将活动触点与固定触点断开（或接通）。一种按合式按钮的基本结构如图 6-10 所示。有些按钮兼有警告和指示功能，在按钮的顶端有灯泡，表面遮有适当颜色的半透明塑料罩，如主警告灯。

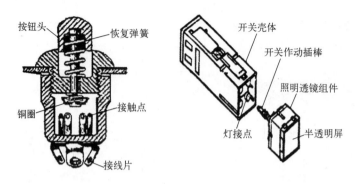

图 6-10 按钮

6.2.2 机械控制装置

机械控制装置是靠直升机上的机械装置，用压动的方式来操纵接触点通断的一种控制装置。

常用的机械控制装置主要是微动开关，在直升机电气系统中得到广泛应用，又称灵敏开关或速动开关。微动是指闭合与断开触点间的行程很短。微动开关的特点是：动作迅速、工作可靠、精度高、寿命长、体积小，常用于需要频繁通断的小电流电路中。例如直升机起落架上的微动开关、控制和显示舱门打开与关闭的微动开关等，微动开关结构如图 6-11 所示，这几种开关是动作极为灵活的开关，顶杆受到压力后，电路转换，不受压力时，顶杆被内部复原弹簧弹回。

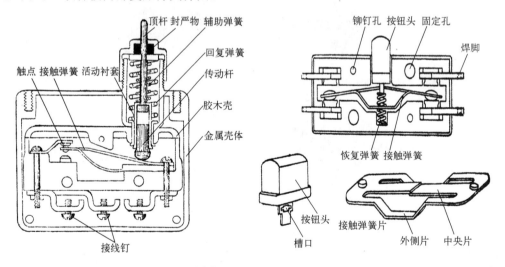

图 6-11 微动开关

6.2.3 电磁控制装置

电磁控制装置在直升机上应用很广泛，它是自动控制不可缺少的基本元件。电磁控制设备可分为两大类，即电磁继电器和电磁接触器，它们都是利用电磁铁来操纵活动触头，以控制电路的通断和转换，两者的原理相同，具体结构有差异。

1．电磁接触器

电磁接触器简称接触器,用来控制电流较大电路的通断或转换,控制电流一般在10A至数百安培范围内不等。

常用的接触器原理基本相同,结构上有些差别。主要由电磁铁和接触装置两部分组成。电磁铁为吸入式,由铁芯、线圈、恢复弹簧和壳体组成,接触装置由固定触点、活动触点和缓冲弹簧组成。

根据所控制电流种类的不同,接触器可以分为直流接触器和交流接触器两种;根据接触器结构的不同,可以分为单绕组接触器和双绕组接触器。

1）单绕组接触器

单绕组接触器的原理如图 6-12 所示。从图中可以看出,当电磁铁线圈未通电时,电磁铁的电磁吸力为 0,活动铁芯在返回弹簧弹力的作用下被推向上方,使触点分离;线圈通电后,作用在活动铁芯上的磁拉力向下,并且随着线圈电压的升高,磁拉力增大,当电压达到工作值时,电磁铁所产生的电磁力大于返回弹簧的弹力,返回弹簧被压缩,活动铁芯被吸下,活动触点与固定触点接通,从而使外电路接通;线圈断电后,电磁铁的电磁力消失,在返回弹簧弹力的作用下,活动铁芯带动活动触点恢复原位,将外电路断开。

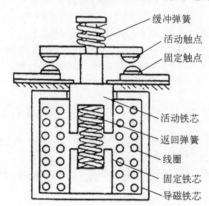

图 6-12 单绕组接触器原理图

2）双绕组接触器

双绕组接触器的结构与单绕组接触器基本相同,其主要不同点是双绕组接触器采用两组电磁线圈,一组称为工作线圈（也称为起动线圈）,匝数少、导线粗;另一组称为保持线圈,匝数多,导线细。在铁芯下面还有一对辅助接触点,并连在保持线圈两端。如图 6-13 所示。

当刚接通接触器线圈电路时,由于保持线圈被辅助触点短接,电源电压只加在工作线圈上。由于工作线圈导线粗,电阻小,因此通过的电流大,产生的磁通较强,电磁吸力较大,使活动铁芯迅速吸下,将主触点接通,从而接通外电路。当活动铁芯快要接触固定铁芯时,连杆便将辅助接触点顶开,这时电阻值较大的保持线圈就同工作线圈串联起来,使电流迅速减小,但由于接触器的接触点已经接通,铁芯间的空气隙已很小,电磁力仍大于弹簧力,因此,保证触点可靠地接通,可使接触器线圈长时间通电工作而不过热。

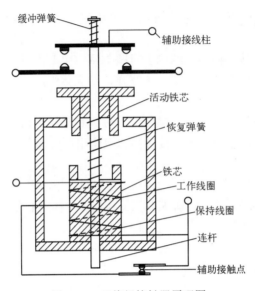

图 6-13 双绕组接触器原理图

2. 电磁继电器

电磁继电器简称继电器,用于远距离控制电路的通断和转换,适应于控制小电流电路。

1) 继电器的分类

根据其工作特点和用途不同,继电器可分为反映电压输入信号的电压继电器、反映电流输入信号的电流继电器、用来反映电源极性或者用于交流电路中有整流器的极性继电器和输出信号落后于输入信号一定时间的延时继电器等。

电磁继电器的种类较多,有 JKA、JKB、JKC、JKM 和 JK 等系列,其型号表示由字母、横线、数字和字母组成,如表 6-1 所列。

表 6-1 电磁继电器的识别方法

第一字母		第二字母		第三字母		分隔符	第一字母	第二字母	第三字母
J	继电器	K	开关	A	基本型	—	1.表示触头的额定电流。2.若小于10A,则直接标明数字。若大于10A,则用S表示	表示触头转换电路的对数或常闭触头对数	1.若是数字,表示常开触头对数。2.若是字母,表示使用环境温度或设计序号
		D	电	B	A的改进型				
		Y	电压	C	短时工作				
		L	电流	X	小时				
		N	整流	M	密封				
		H	极化						
		S	时间						
		R	弱或灵敏						

2）继电器的主要参数

吸合值是指继电器所有触点从释放状态到达工作状态，线圈所需的电参量（电压、电流或功率）的最小值。

额定值是指足以保证继电器可靠工作的电参量。额定值都大于吸合值。在没有标明额定值的情况下，继电器额定值为吸合值的 1.5～2 倍。

释放值是指使继电器所有触点都由工作状态恢复到释放状态时，加于线圈的电参量（电压、电流或功率）的最大值。

额定电流指触点闭合时允许通过的额定电流值；额定电压指触点断开状态触点之间所允许的电压额定值。两者的乘积又称为触点的开断功率（也称触点的容量）。

继电器在规定的环境条件和触点负载下可靠工作的次数即为继电器的寿命。

6.2.4　电路控制设备的使用与维护

电路控制设备在各种机载设备中发挥着重要的作用，是直升机上广泛使用的零部件，其维护质量的高低将直接影响有关设备的可靠性。在实际使用和维护过程中，这类机件的故障率比较高，所以必须加强维护。外场维护电路控制设备时应注意以下几点事项：

（1）保证触头有足够的接触压力，使其接触可靠。为此，要保持机件内弹簧的完整，不要扳动弹簧，防止变形。

（2）擦洗触头，必须将机件从直升机上拆下来以后再进行，擦洗时一般应在分解机件后进行，以免使弹簧变形，影响触头的接触压力。

（3）将安装在容易进水、进灰尘处的微动开关、继电器等机件加以密封或包扎起来，防止水分及灰尘进入。

（4）把继电器中多余的触头与正在使用着的触头并联起来，以减轻触头上的负荷，使继电器工作更加可靠。

（5）尽量不在负荷较大的情况下接通和断开电路，以减少触点的烧伤。例如，在接通用电设备的开关时，应先接通总开关，后接通分开关，断开开关时，应先断开分开关，后断开总开关。

（6）使用的电压和电流不应超过额定值。

（7）在使用维护中，外场不允许随意分解电路控制设备。若必须分解，则不得任意弯曲继电器的弹性导电片或移动接线板的位置，不得随意调换和增减接触器的各组垫片，以免触头的接触压力发生变化。机件经过分解装配后，要检查接触压力、工作间隙和工作行程等是否符合规定。

（8）凡是密封的、规定不允许拆卸分解的机件，一旦出现故障或损坏，只能更换新品，不准分解或修理。

6.3　电路保护装置

直升机上的用电设备很多，导线比较长，直升机又是以金属机体作公共负线或地线，如果对直升机电气设备使用不当或者由于摩擦、振动等原因，很可能导致用电设备和输电线受到损伤,绝缘层受到破坏,造成短路。另外,如果用电设备工作不正常,还可能出现电流长时间过载的情况。短路和长时间过载不仅会烧坏导线和用电设备,造成供电中断,还可能引起火灾导致严重事故。为了避免这种情况的产生,直升机输电线路中设置了电路保护装置,当电路发生短路或长时间过载时,电路保护装置自动将短路(或较大负载)的部分从电路中切除,从而保证电源的正常供电和其他电气设备的正常工作。

6.3.1 基本要求

直升机上有些用电设备能在过载的情况下短时工作不会损坏。例如,电动机在起动过程中,起动电流可达额定值的 2.5～8 倍,但因起动时间短,过载时间不长,因此不会烧坏电动机。用电设备在过载情况下能短时工作的能力,称为过载能力。允许的过载电流越大,过载时间越长,则过载能力越大。

用电设备的过载能力可用它的安秒特性表示。用电设备通过的电流与达到该设备绝缘材料最高允许温度的时间之间的关系,称为用电设备的安秒特性,如图 6-14 所示。

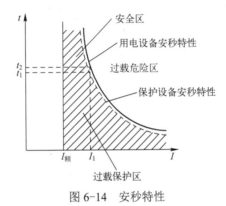

图 6-14　安秒特性

由图 6-14 可见,当设备中通过额定电流时,其安秒特性是一条直线,达到绝缘材料允许温度的时间无限长,表明用电设备可以长时间地工作。电流超过额定值时,安秒特性是一条曲线,过载电流越大,达到绝缘材料允许温度的时间越短,因而设备允许过载的时间也越短。可见,用电设备安秒特性曲线的右上方为过载危险区,保护设备安秒特性曲线与额定电流直线之间的区域为过载安全区。

对保护设备的基本要求就是既能充分发挥用电设备的过载能力,但又不导致用电设备的损坏。要达到这一要求,就要使保护设备在用电设备的过载电流和过载时间在过载安全区以内时不动作,而在用电设备的过载电流和过载时间接近过载危险区时,要立即动作,将电路切断。

要实现上述要求,必须使保护装置有适当的惯性,即在过载电流通过时,它不立即动作,而是经过一段时间延迟之后才动作。这个动作延迟时间的长短应和用电设备在该电流下的允许过载时间相接近,并且随着过载电流的增大而缩短。也就是说,保护装置的安秒特性曲线应略低于用电设备的安秒特性曲线。只有这样,才能保证用电设备和导线免遭过载和短路的损害,并充分发挥它们的过载能力。

直升机上的用电设备各种各样,其过载能力也各不相同,因此不同的电路应采用不同安秒特性的保护装置。对于过载能力强的用电设备电路,如电动机、电气加温装置电路，就应采用惯性较大（安秒特性曲线较平坦）的保护装置；而过载能力弱的用电设备电路，则应使用惯性较小（安秒特性曲线较陡）的保护装置。

6.3.2 电路保护装置

直升机上常用的电路保护装置有保险丝和自动保护开关。

1. 保险丝

保险丝又叫熔断器，其主要结构是金属熔丝，金属熔丝套装在一个玻璃管或陶瓷壳体中，玻璃管或陶瓷壳体将熔丝熔断时产生的溅射限制在局部的区域，起保护作用。保险丝串联在被保护的电路中，当被保护电路出现长时间的过载或短路时，熔丝便会发热到熔化温度而熔断，从而切断电路。金属熔丝的材料不同，熔点则不同，根据金属熔丝的不同熔点，保险丝分为易熔保险丝、难熔保险丝、惯性保险丝3种。

1）易熔保险丝

易熔保险丝的熔丝是银锌合金，熔点低。直升机上的易熔保险丝是将熔丝装在玻璃管内，玻璃管两头有金属端帽（或插脚），插入专用的保险丝座内。这种保险丝又称玻璃管保险丝或保险管，如图6-15所示。其主要特点是短路或过载时，熔点低，熔丝惯性比较小，它主要用来保护过载能力比较小的用电设备电路。常用的易熔保险丝有1A、2A、5A、10A、15A等。

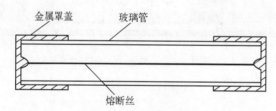

图 6-15　易熔保险丝

2）难熔保险丝

难熔保险丝有额定电流为200A、400A、600A和900A等，它内部的熔片是铜片，如图6-16所示。有的在熔片中央嵌以少量的易熔合金，以降低熔片的熔点。熔片四周包有石棉水泥，它能吸收熔片的一部分热量，增大保险丝的热惯性，使动作延迟时间增长一些，并具有加速熄灭电弧的作用。它主要用在电源干线上。

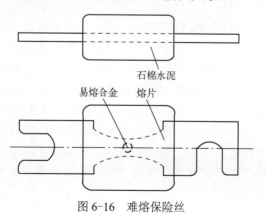

图 6-16　难熔保险丝

3）惯性保险丝

直升机上某些用电设备（主要是电动机类）允许短时过载运行。如在直流电动机电路中，由于直流电动机起动时浪涌电流大，如果采用与电机额定电流接近的保险丝，那么在电机起动时将会熔断，使电动机不能正常起动；如果采用与电动机起动电流相近的保险丝，它虽然在电动机起动时不会熔断，但当起动结束进入稳定阶段后，如电动机长时间处于低过载状态时，又得不到及时保护。采用上述各型保险丝将不能满足电路保护的要求，而惯性保险丝就是适应这种需要制作的。

惯性保险丝由两部分组成，即短路保护部分和过载保护部分，如图 6-17 所示。短路保护部分是黄铜熔片，装在图 6-17 所示管子的左隔腔内，周围填充熄弧用的石膏粉。黄铜熔片的熔断电流比额定电流大得多，它只在短路或过载电流很大时才能熔断；过载保护部分由低熔点焊料将两个 U 形铜片焊接在一起，在过载电流持续一段时间后才会熔断。熔化易熔焊料所需的热能，主要由装在管子右隔腔的加温元件经质量较大的铜板来供给。因黄铜板具有较大的热惯性，焊料达到熔点需一定的时间。

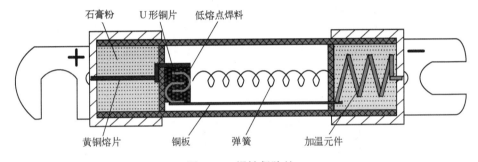

图 6-17 惯性保险丝

当惯性保险丝有电流流过时，加温元件和黄铜熔片都同时发热，在过载电流不大时，黄铜熔片不会熔断，而易熔焊料经一定时间的热能积累，达到熔点时熔化，弹簧将 U 形铜片拉开，电路被切断；在短路或过载电流较大时，过载保护部分因热惯性较大，不会立即动作，而黄铜熔片则迅速熔化，切断电路。

常用的惯性保险丝保护的额定电流一般为 5～250A，主要用于电动机和具有起动特性要求的电路中。

使用惯性保险丝时，应区分正负极，必须保证电流从正端进，从负端出。原因是惯性保险丝的加温元件在负端，如果极性连接正确，当电子流通过加温元件时，将把加温元件发出的热量传导给处于正端的熔断元件，这时，熔断元件的温度较高。如果把惯性保险丝的正负极接反了，电子流就不能把加温元件的热量传给熔断元件，熔断元件的温度就较低。当电路发生短路或过载时，熔断器就不能在规定时间内熔断。

所有保险丝都具有结构简单、重量轻、体积小和价格低廉的优点，但也有以下缺点：由于保险丝熔断后必须更换新的才能接通电路，这在飞行中实现起来很不方便，有时是不可能的；又因为保险丝没有专门的熔断指示，即使熔断了也不易被发现，因此采用自动保护开关，动作后处于断开位置，便于飞行员或机组人员发现开关位置的变化，从而有利于有针对性地排除故障。

2. 自动保护开关

自动保护开关是利用双属片发热变形的原理,在开关控制的电路发生短路或过载时,操纵开关的触头断开,以实现对电路保护的目的。它既有保护设备的作用,又有普通开关的作用。

ZKC 型自动保护开关的构造如图 6-18 所示。它的开关主要由手柄、触点等组成;保护机构主要由双金属片、挡板、恢复弹簧、胶木滑块、卡销等组成。它适用于保护过载能力较大的用电设备的电路。

当自动保护开关手柄向左扳动时,触点闭合,同时手柄下端的拨板推动胶木滑块右移,压缩恢复弹簧。当胶木滑块下面的卡销滑过双金属片上的挡板后,滑块即被挡板卡住,此后再来回扳动手柄,胶木滑块仍停在右边的位置不动,只是开关的触点接通或断开,起到普通开关的作用;若开关过载,则双金属片受热向下弯曲,挡板也随之下移。当双金属片弯曲到一定程度时,挡板脱离胶木滑块上的卡销,胶木滑块便在恢复弹簧的作用下,迅速向左移动,通过拨板推动手柄,使触点断开,起到电路保护作用。

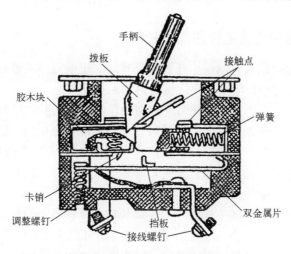

图 6-18 自动保护开关结构

如图 6-19 所示为另一种常用的自动保护开关。它具有 3 个主要的组件:双金属热元件、触点型开关装置、机械闩锁机构。另外,还有一个压拉按钮用来在发生热脱扣之后进行复位,以及在需要切断至系统电路的电源时进行人工脱扣。

图 6-19(a)所示为自动保护开关的正常工作位置,电流通过开关装置触点和热元件,热元件中产生的热能很快辐射,因而温度在最终升高之后,便保持恒定。如果由于短路,电流超过正常工作值,元件的温度就开始升高,由于组成热元件的金属有不同的膨胀系数,这种元件就产生畸变,畸变最终变大到足以释放闩锁机构并让控制弹簧打开开关装置触点,从而使负载与电源隔离。与此同时,压拉按钮伸出,而且在许多类型的自动保护开关中,按钮上的一条白色带露出来,为脱扣情况提供目视指示。自动保护开关脱扣之后,畸变的元件便开始冷却并恢复原状,闩锁机构回到正常位置,一旦引起脱扣的故障被消除,通过按压自动保护开关按钮电路可重新接通。此"复位"动作使主触点闭合,并将按钮重新与闩锁机构联系起来。如果由于可疑的故障或测试期间需把电源

从一个电路上隔离，则只需拔出按钮，自动保护开关就可简单地用作一个开关。

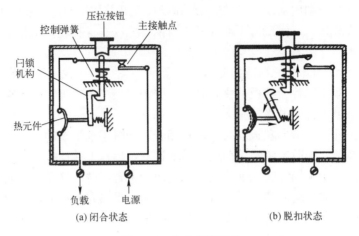

图 6-19 自动保护开关

6.3.3 电路保护装置的使用与维护

（1）发现保险丝熔断和自动保护开关跳开时，应查明短路或过载的原因和部位，在故障排除之前，不能更换保险丝或再次接通自动保护开关。

（2）更换保险丝、自动保护开关时，其型号与额定电流值应与原来的相同。

（3）更换惯性保险丝或自动保护开关时，正负极应安装正确，自动保护开关的接线柱上分别有"+""-"符号，安装时必须将"+"接电源端，"-"接用电设备端。

（4）更换惯性保险丝和自动保护开关，必须安装牢靠。尤其是惯性保险丝，必须有适当的拧紧力矩，并定期检查安装情况。

（5）在通电检查用电设备工作时，为了延长自动保护开关的寿命，一般应先接通自动保护开关，后接通工作开关。停止工作时，先断开工作开关，再断开自动保护开关。

（6）平时禁止随意拧动自动保护开关、继电器和接触器的调整螺钉。

（7）定期检查保险丝。若发现管丝伸长弯曲、触壁或管壁发黑等问题，要及时进行更新，不能继续使用。在使用中，若发现保险丝熔断，管壁严重发黑和有金属颗粒，一般存在短路问题。若仅仅是熔断一个缺口，则一般是过载所致，其缺口一般在电源正端，需仔细观察才能发现，对于这种情况的可靠判断办法是用三用表进行检查。

第7章 典型直升机直流供电系统

7.1 主电源为直流电源的直流供电系统

以两台直流起动发电机和一个蓄电池组成的直升机低压直流供电系统为例进行分析。

低压直流供电系统是指发电机的额定电压为28.5V，电网额定电压为27V的供电系统。低压直流供电系统的主电源由直流起动发电机和调压、控制、保护装置等组成，常用蓄电池作为应急电源，将旋转变流机或静态变流器作为二次电源，把低压直流电变换为交流电。

7.1.1 直流配电网络

为了提高电源系统供电的可靠性，低压直流供电系统采用余度供电和分散配电方式，供电网为混合型，即由开式电网和闭式电网组成。

1. 余度供电和配电系统的基本原理

如图7-1所示，由发电机1和发电机2通过汇流条1和汇流条2向两个配电系统供电。用电设备接在配电汇流条上，U_1为由发电机1供电的用电电路，U_2为由发电机2供电的用电电路，U_{1+2}为由两台发电机供电的用电电路。

次要的用电设备电路U_1或U_2由单电源供电，可靠性差，所以这条电路上的用电设备应与飞行安全无关。对于安全飞行必不可少的主要用电设备由双电源U_{1+2}供电。因此，一旦在一个发电系统失去供电能力时，另一个发电系统可以向两个配电系统供电。例如：如果汇流条长时间短路，则由故障汇流条供电的次要用电设备电路被断开，而所有重要用电设备电路继续由另一个发电系统供电。

在直升机上，还有某些关系到安全的具有余度供电的特别重要电路，除了由发电机1和发电机2供电外，还要由机上蓄电池通过蓄电池汇流条供电，如图7-2所示。因此，这些电路可以在两个发电系统都失去供电能力的情况下，仍可保证其工作。比如灭火系统，当左右发电机都不能为各自灭火瓶供电时，由蓄电池供电，仍可灭火。

2. 直流配电网络

这种低压直流供电系统由发电机1和发电机2并联供电，蓄电池供电汇流条与发电机供电的电源汇流条（主汇流条）构成了闭式供电网络。次要用电设备采用辐射式电网，而重要用电设备则采用双向供电。地面电源通过地面电源插座由接触器控制向主汇流条供电。

汇流条分为主汇流条和配电汇流条，如图7-3所示。用电设备连接到配电汇流条上，主汇流条与配电汇流条之间的电缆由保险丝"F"加以保护，配电汇流条与用电电路之间由自动保险开关"CB"连接。

由直流配电图7-4可以看出，主汇流条PP9向配电汇流条PP11、PP13和PP15供电，而主汇流条 PP8 向配电汇流条 PP10 和 PP12 供电，蓄电池汇流条 PP7 直接给配电汇流条 PP28 和一些涉及飞行安全的用电电路"U"（如起落架应急放出电路）供电。

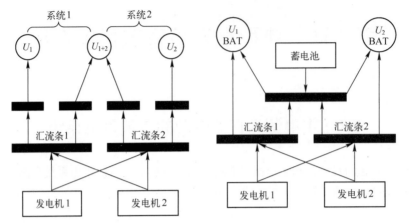

图 7-1　余度供电和配电系统原理图　　图 7-2　发电机与蓄电池供电原理图

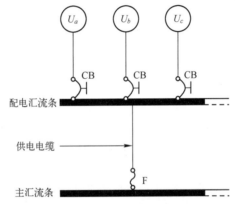

图 7-3　汇流条与用电电路的连接

7.1.2　直流供电线路

1. 直流电源系统的部件

（1）两个相同的发电机分系统，每个分系统包括：一台发动机驱动的起动发电机；一个电源滤波器；一个起动-发电转换接触器；一台调压保护器；一块短路保护插件；一个反流割断器。

（2）公共电路。

① 1 组镉镍蓄电池。它是直流供电的后备电源，能在没有地面电源装置情况下进行发动机起动，而在飞行中可提供应急直流电源。

② 1 个地面电源插座。地面电源经该插座向电网供电。主要用于地面检查直升机用电设备和起动发动机。

③ 2 个主汇流条。由右发电机供电的 PP8 和由左发电机供电的 PP9。

④ 1 个汇流条相连接触器。地面电源通过地面电源插座供电，以及在飞行中一台发电机故障情况下自动地将两个主汇流条连接到一起。

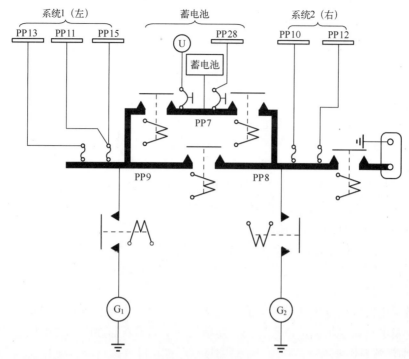

图 7-4 直流配电图

⑤ 2 个地面电源辅助继电器。当地面电源供电时，它们自动地隔离蓄电池和发电机电路。

2. 直流电源间的协调关系

发电机、蓄电池和地面电源之间的供电关系是：在地面，正常供电状态下，由地面电源供电，进行地面检查用电设备或者起动发动机；正常工作时，由两台起动发电机并联供电；当其中一台起动发电机有故障时，汇流条相连接触器触点闭合，接通另一台起动发电机与主汇流条的供电通路；如果两台起动发电机都故障，则由蓄电池提供应急工作电源。在地面，无地面电源时，机上蓄电池可起动发动机。

3. 控制装置

（1）"蓄电池接触器 1"开关：控制蓄电池接触器 1，隔离蓄电池。

（2）"蓄电池接触器 2"开关：控制蓄电池接触器 2，隔离蓄电池。

（3）"发电机 1"开关（复位/通/断）：控制发电机 1 与直升机电源系统连接。

（4）"发电机 2"开关（复位/通/断）：控制发电机 2 与直升机电源系统连接。

（5）"应急切断"开关：将其拉下，则蓄电池与直升机系统隔离且切断两台发电机。

（6）选择开关：能选择测量各电源电压。

4. 监测系统

（1）2 个蓄电池指示灯："蓄电池接触器 1"和"蓄电池接触器 2"指示灯。当相应的蓄电池接触器断开时燃亮。

（2）2 个发电机指示灯："发电机 1"和"发电机 2"指示灯。当相应的反流割断器断开时燃亮。

（3）1 个"汇流条相联"指示灯：当汇流条相连接触器接通时燃亮。这个灯的燃亮指示下列状态之一：地面电源供电；某一发电机故障；蓄电池接触器偶然断开。

（4）1 个"蓄电池温度"警告灯：当蓄电池温度超过 71℃时，警告灯燃亮。这时驾驶员应断开蓄电池开关。

（5）1 个电压指示和 1 个电流指示：借助旋转选择开关，可以获得地面电源装置电压、蓄电池电压、发电机 1 电压和电流、发电机 2 电压和电流。

5. 直流供电系统自动保护功能

（1）地面电源供电保护。

① 发电机隔离。在地面电源供电时，两个地面电源辅助继电器断开蓄电池接触器和反流割断器控制线路，接通主汇流条相连接触器电路，从而断开了发电机和蓄电池的供电电路。这样保证了在地面电源供电时，发电机和蓄电池不供电，防止发电机向地面电源大电流充电和消耗蓄电池能量。

② 过压保护。如果地面电源提供的电压超过 31.5V，过压保护插件将断开地面电源接触器和辅助继电器线圈电路，从而断开地面电源供电线路。

（2）发电机接入和隔离。

① 当发电机输出电压超过主汇流条电压一定值时，发电机便被接到此汇流条上。

② 当发电机馈线出现反流且达到一定值时，反流割断器便断开发电机馈线，从而使发电机与主汇流条隔离。

（3）发电机调压和过压保护。每台发电机都配有一个调压器，它控制发电机的激磁电路和反流割断器的控制电路。调压器的基本功能包括：

① 通过改变发电机的激磁电流，从而使发电机的端电压保持在（28.5±0.5）V 范围内。

② 如果发电机电压超过 32V，则过压保护系统断开发电机激磁电路和反流割断器的控制线路，保证此时发电机不向电网供电。

③ 用鉴别两台发电机之间不均衡负载电流的均衡电路将两台发电机内部连接起来，均衡两台发电机输出电流差在单台发电机额定值的±10%范围内。

（4）主汇流条短路保护。如果主汇流条发生短路，则短路探测继电器将测出短路时的低电压，使相应的短路保护插件动作，将短路汇流条隔离。

（5）发电机馈线短路保护。如果发电机馈线发生短路，则相应的发电机电压下降，反流割断器检测出反流并断开，同时使汇流条相连接触器闭合。短路保护插件切断相应发电机的激磁，相应发电机隔离并断电，另一台发电机承担了全部用电设备的供电。

（6）蓄电池馈线短路保护。如果蓄电池馈线发生短路，蓄电池负端的熔断器被烧断，短路探测继电器使蓄电池接触器断开，隔离了蓄电池，并防止了汇流条相连接触器的接通。此时，两台发电机正常运行，并向用电设备供电。

7.1.3 直流电源供电控制电路

1. 地面电源供电控制电路

图 7-5 所示为地面电源供电控制电路简图。

（1）当把地面电源插头插入地面电源插座 23P，并且输入适当电压和极性的电源，通过它的控制销接入时，地面电源辅助继电器 20P、21P 接通，自动切断了蓄电池接触器 16P、17P 和反流割断器 14P、15P，从而断开了蓄电池供电电路和发电机供电电路。

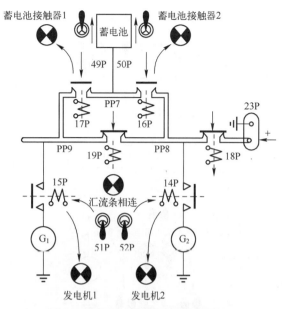

图 7-5 地面电源供电控制电路简图

（2）将蓄电池开关 49P、50P 接通，使地面电源接触器 18P 和主汇流条相连接触器 19P 接通，因而主汇流条 PP8、PP9 被供电。

选择开关置于"地面电源"位置，电压表上显示地面电源的电压。

注意：

（1）在地面电源供电情况下，直升机上蓄电池和发电机被隔离，地面电源优先供电。

（2）如果要断开地面电源，必须将两个蓄电池开关（49P、50P）置于"断开"位置，总应急切断开关和发电机开关对地面电源供电没有影响。

（3）如果地面电源的输入电压超过 31.5V 时，地面电源过压保护插件（82P）将自动断开地面电源供电电路。

（4）当地面电源符合要求时，对于地面试验及发动机起动来说，地面电源供电状态是标准程序，标准程序如下：

① 通过地面电源插座供电。
② 起动前的试验和检查。
③ 起动发动机。
④ 拔掉地面电源。
⑤ 发电机自动接入。

（5）信号板上，琥珀色的"发电机 1""发电机 2""蓄电池接触器 1""蓄电池接触器 2"指示灯燃亮，"汇流条相连"指示灯也燃亮。

2．蓄电池供电控制电路

图 7-6 所示为蓄电池供电控制电路简图。

（1）将两个蓄电池开关 49P、50P 同时置于"接通"位置，蓄电池接触器 16P、17P 接通，主汇流条 PP8、PP9 由蓄电池供电，两个蓄电池指示灯熄灭。

（2）短路探测继电器 38P、39P 转到"接通"位置（短路探测器探测到 15V 最小电压时，延迟 150ms 后动作），两个发电机指示灯燃亮。

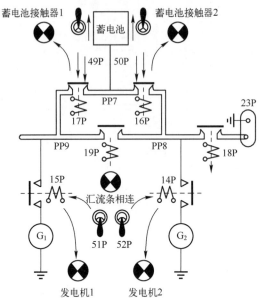

图 7-6　蓄电池供电控制电路简图

选择开关置于"蓄电池"位置时，电压表显示蓄电池的电压。

注意：

（1）蓄电池接触器 16P、17P 的控制电路通过两处接地，即通过反流割断器 14P、15P 的常闭触点和短路探测继电器 38P、39P 的工作触点接地。

（2）蓄电池开关 49P、50P 必须同时接通。如果仅接通其中一个开关，则只有一个接触器接通，使一个汇流条有电。短路保护系统从另一个汇流条上探测到一个低压状态，从而防止另一个接触器接通，汇流条相连接触器 19P 也同样被阻止而不能接通。

（3）汇流条相连接触器 19P 通过蓄电池接触器的常闭触点供电，有一个蓄电池接触器偶然断开时，就会使 19P 接通，相应的"蓄电池"指示灯和"汇流条相联"指示灯燃亮。

（4）当总应急切断开关 53P 断开时，两个蓄电池接触器断开。

（5）在蓄电池供电状态下，发电机开关置于"接通"或"断开"位置是无关紧要的。

（6）当不使用地面电源时，蓄电池供电状态对于地面试验及发动机起动来说是标准的，这种标准程序如下：

① 由蓄电池供电；

② 起动前的检查及试验；

③ 发电机自动接入。

（7）在信号板上，"蓄电池接触器 1""蓄电池接触器 2"和"汇流条相联"指示灯是熄灭的，"发电机 1"和"发电机 2"指示灯燃亮。

3. 发电机供电控制电路

（1）第一台发电机接入时的供电控制电路。图 7-7 所示为第一台发电机接入时的供电控制电路简图。

假设直升机最初处于蓄电池供电状态，发动机起动已完成，将发电机开关 51P 置于

"接通"位置，发电机1由发动机带动，并达到接入电网的转速。

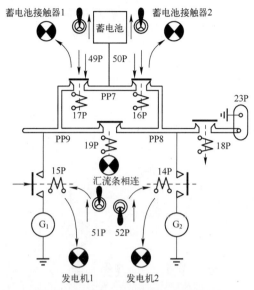

图7-7 一台发电机供电控制电路简图

① 当发电机端电压高于蓄电池电压一定值时，反流割断器15P接通（控制电路加到反流割断器的"INT"端），发电机1接入主汇流条PP9。

② 反流割断器15P工作接通后，使汇流条相连接触器19P接通。汇流条相连接触器19P工作后，发电机1向主汇流条PP9、PP8供电，蓄电池处于充电状态，发电机2指示灯和汇流条相联指示灯燃亮。

将选择开关置于"发电机1"位置，电压表和电流表分别显示发电机1的端电压和负载电流。

注意：

① 发电机接入电网发生在低于地面慢车转速的情况下，以便在低速范围内使用发电机的功率。

② 一旦一台发电机接入电网，蓄电池就转换到充电状态，起动另一台发动机所需的功率由正在工作的发电机提供。

③ 当用地面电源起动发动机时，地面电源插头从地面电源插座23P上一拔出，两台发电机就都接入了电网。

（2）第二台发电机接入时的供电控制电路。图7-8所示为第二台发电机接入时的供电控制电路简图。

假设汇流条相连接触器19P闭合，发电机1向主汇流条PP8、PP9供电，发电机2起动完毕，并已达到并入电网的转速。这时，将发电机2开关52P置于"接通"位置。

① 当发电机2的端电压超过发电机1的端电压一定值时，反流割断器14P接通，其辅助触点位于工作位置，断开了汇流条相连接触器19P的控制电路，从而使19P断开。

② 两台发电机通过蓄电池接触器16P、17P并联运行，所有指示灯都熄灭。

③ 由于发电机都接入电网，当选择开关置于"发电机1""发电机2"或"蓄电池"

各位置时，电压表都指示同一值。

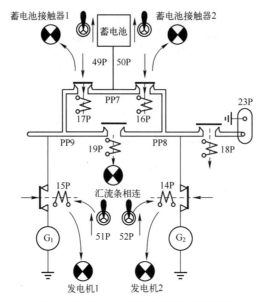

图 7-8　两台发电机供电控制电路简图

④ 当选择开关置于"发电机 1""发电机 2"位置时，电流表分别指示相应发电机的负载电流。

注意：

① 第二台发电机并入电网所需的电压差通过连接两个调压器的均衡电路（每个调压器的 E 端）获得，系统趋向于以较低负载的发电机来平衡发电机的输出。负载较大的发电机电压降低，负载较小的发电机（待接入的那台发电机）电压升高。

② 汇流条相连接触器的控制电路是由反流割断器的辅助常闭位置和蓄电池接触器的辅助触点常闭位置而构成的。因此，如果这些继电器或接触器中的任何一个断开，则汇流条相连接触器的控制电路就被供电。所以无论何时，只要有一个蓄电池接触器的指示灯或一个发电机指示灯燃亮，汇流条相联指示灯也随之燃亮。

③ 当主汇流条流向发电机的反流值为一定值时，反流割断器将断开。

④ 均衡电路探测两个调压器（28P、29P）E 端之间的任何电流，并通过改变发电机电流来确保并联输出相等（在±10%内）。

7.2　主电源为交流电源的直流供电系统

下面以主电源为两台交流发电机的直升机供电系统为例进行分析。其供电系统是由供电电压为 28.5V 的直流供电系统和 115/200V 400Hz 的三相交流电、36V 400Hz 的单相和三相交流电的交流供电系统组成。

7.2.1　直流配电网络

为了提高电源系统供电的可靠性，这种直升机直流供电系统也常采用余度供电和分散配电方式，供电网络为混合型。

如图 7-9 所示，3 个直流电源的电能先输送到 6 个主汇流条：1 号蓄电池汇流条、2 号蓄电池汇流条、1 号整流装置汇流条、2 号整流装置汇流条、蓄电池辅助动力装置汇流条、整流装置辅助动力装置汇流条，再由各汇流条分别向所属用电设备供电。

7.2.2 直流供电线路

1. 直流电源系统的部件

直流电源系统的原理电路如图 7-9 所示。直流电源系统由 1 号和 2 号两个互相独立工作的通道和起动发电机组成。每个通道都有一个蓄电池、一个整流装置、一个整流装置输出接触器以及各自的配电汇流条、转换、保护设备和控制、信号、检测设备。起动发电机与反流割断器相连。

两个蓄电池分别由接触器控制，与本通道蓄电池汇流条接通。1 号通道的整流装置由 1 号发电机汇流条通过自动保险开关供电。2 号通道的整流装置由 2 号发电机汇流条通过自动保险开关供电，每个整流装置都通过整流装置输出接触器与自己的汇流条连接。每个通道的整流装置汇流条与蓄电池汇流条的接通和断开由接触器来实施。

2. 直流电源间的协调关系

机上的直流电由整流装置、辅助动力装置上的直流起动发电机以及两块镉镍蓄电池提供。

正常情况下，直流电来自两个整流装置；当一个整流装置故障时，由工作整流装置供电；当两台交流发电机或两个整流装置都故障时，由备用电源供电。

3. 控制装置

（1）"1 号蓄电池"开关、"2 号蓄电池"开关。

（2）"1 号整流装置"开关、"2 号整流装置"开关。

（3）设备检查开关。

（4）起动发电机开关。

（5）"电压调节"滑动电阻。

（6）电压表选择开关。

（7）电流表选择开关。

4. 监测系统

（1）"1 号整流装置"不工作信号灯。

（2）"2 号整流装置"不工作信号灯。

（3）设备检查信号灯。

（4）直流电压表："1 号蓄电池""2 号蓄电池""1 号整流装置""2 号整流装置""备用发电机"和两个整流装置汇流条上的电压由电压表通过选择开关来进行检查。

（5）直流电流表：整流装置和发电机的负载电流通过电流表经选择开关来检查。

5. 直流供电系统自动保护功能

（1）整流装置的接入和隔离。整流装置输出接触器用于自动把整流装置与机上电网接通或断开。当整流装置输出电压为 27V，负载电流不小于 15A 时，整流装置输出接触器接通。

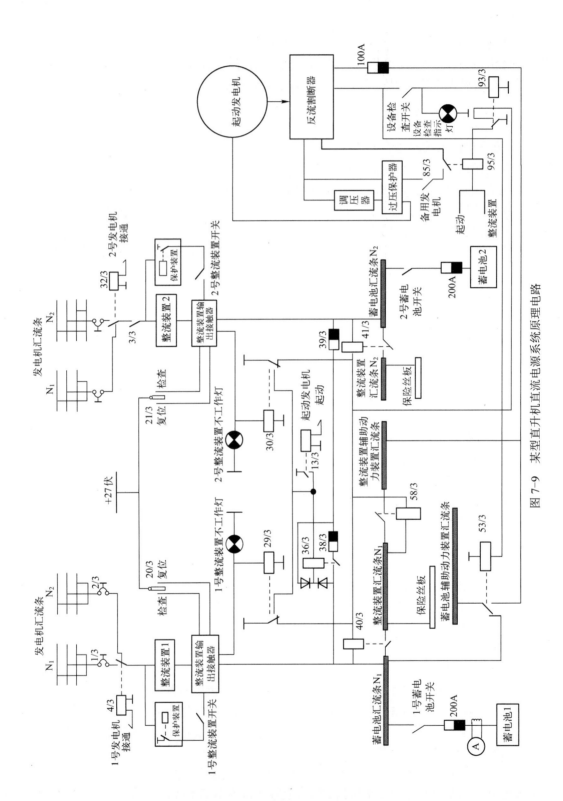

图 7-9 某型直升机直流电源系统原理电路

114

（2）起动发电机的调压。起动发电机用炭片调压器调压，当发电机的转速或负载发生变化而引起发电机电压变化时，自动将起动发电机电压调节在额定范围内。

（3）起动发电机的接入和隔离。

① 当起动发电机电压高于汇流条电压一定值时，自动接通发电机输出电路。

② 当反流值达到一定值时，自动断开发电机输出电路。

③ 当发电机极性接反时，不接通输出电路。

（4）起动发电机的过压保护。当起动发电机电压超过 32V 时，它能按要求减弱过压发电机的激磁磁场，以消除过压，并使该发电机与电网脱开。

7.2.3 直流电源供电控制电路

直流供电系统依照直流电的来源不同，可分为蓄电池供电、整流装置供电和辅助动力装置起动发电机供电，其系统原理电路如图 7-9 所示。

1. 蓄电池供电控制电路

1 号蓄电池接通供电：将"1 号蓄电池"开关放至接通位置，此时信号盘"1 号整流装置不工作信号灯"燃亮。通过整流装置输出接触器使继电器 29/3 工作，29/3 工作，接通了继电器 36/3 的负线，使 36/3 工作，蓄电池汇流条 N_1 经熔断器 38/3、39/3 到蓄电池汇流条 N_2，两个蓄电池汇流条连通。1 号蓄电池接通时，经 53/3 触点使得蓄电池辅助动力装置汇流条也有电，从而使接在蓄电池汇流条与蓄电池辅助动力装置汇流条上的一类用电设备可以工作。如燃油系统的防火开关、发动机工作检查仪表、操纵杆摩擦离合器、电磁开关等。

2 号蓄电池接通供电：与 1 号蓄电池的接通类似。当其接通时，2 号蓄电池汇流条上有直流电，并通过整流装置输出接触器使继电器 30/3 工作，同时 2 号整流装置不工作信号灯燃亮。继电器 30/3 工作使继电器 36/3 的负线接通，36/3 工作，使 2 号蓄电池汇流条经过熔断器 39/3、38/3 与 1 号蓄电池汇流条连通，同时与蓄电池辅助动力装置汇流条连接。

2. 整流装置供电控制电路

准备时应将机上蓄电池装好，并检查电压应符合要求，再将地面交流电源与直升机接通或将直升机上交流电源系统接通工作。这时，右配电盒上的整流装置自动保护开关（2/3 和 3/3）和左配电盒上的自动保护开关（1/3）均应接通。

接通直流电源系统时，必须将"1 号蓄电池"开关和"2 号蓄电池"开关置于接通位置，此时，"1 号整流装置不工作信号灯""2 号整流装置不工作信号灯"燃亮；同时，将"1 号整流器"开关、"2 号整流器"开关放置于接通位置。

1 号整流装置的接通供电：1 号发电机正常工作条件下，继电器 4/3 工作，使 1 号发电机汇流条有三相交流电，经保险开关 1/3 输到 1 号整流装置上，经整流将三相 200V 交流电变成 27V 直流电。在三相交流电无故障条件下，1 号整流装置的开关接通，并且当蓄电池汇流条负载电流大于 15A 时，整流装置输出接触器工作接通，1 号整流装置输出的直流电与 1 号蓄电池汇流条接通，同时整流装置输出接触器输送到继电器 29/3 和 1 号整流装置不工作信号灯的信号断开，信号灯熄灭。继电器 29/3 不工作，使继电器 40/3 接通，将 1 号蓄电池汇流条与整流装置汇流条连通，进而 58/3 继电器工作，又将整流装置辅助动力装置汇流条连通。

2 号整流装置接通供电：2 号发电机工作正常时，继电器 32/3 接通，2 号发电机汇流条的三相交流电输送到 2 号整流装置，经整流变成 27V 直流电，接通整流装置输出接触器开关17/3，蓄电池汇流条负载电流大于15A时，整流装置输出接触器将2号整流装置与2号蓄电池汇流条连通。同时2号整流装置不工作信号灯熄灭，继电器30/3断开，使41/3继电器接通，将2号蓄电池汇流条与2号整流装置汇流条连通。

两个整流装置和两个蓄电池都接通时，继电器29/3、30/3不工作，使继电器36/3处于断开状态，1号蓄电池和1号整流装置及2号蓄电池和2号整流装置组成的两条直流通道，通过各自有关汇流条，分别向所属负载供电。

3. 辅助动力装置起动发电机供电控制电路

接通备用发电机及设备检查开关，反流割断器接通起动发电机的输出，继电器53/3工作，发电机向整流装置辅助动力装置汇流条和蓄电池辅助动力装置汇流条供电。同时设备检查信号灯亮，继电器93/3接通40/3、41/3继电器的负线，继电器40/3、41/3的接通，使所有直流汇流条相互连接起来。

7.3 主电源为混合电源的直流供电系统

以主电源为混合电源的直升机供电系统为例进行分析。其交流电由一台功率为9kW的交流发电机和功率为2.7kW的三相静态变流器供给；3台功率均为9kW的直流起动发电机并联为机上供直流电，一块镉镍蓄电池作为应急电源。

7.3.1 直流配电网络

如图7-10所示,发电机通过由发电机控制盒控制的直流接触器给发电机汇流条WP1供电，蓄电池通过蓄电池接触器和蓄电池反流保护器给蓄电池汇流条WP6供电，WP1和WP6汇流条分别连接到给负载电路供电的配电汇流条上。

当发电机直流接触器中任何一个接通时，汇流条连接接触器就自动地把发电机汇流条连接到蓄电池汇流条上。这种连接使蓄电池汇流条有可能给负载电路供电，并允许给蓄电池充电。

7.3.2 直流供电线路

1. 直流电源系统的部件

直流电源系统包括直流发电系统、蓄电池电源系统和直流地面电源系统。

直流发电系统由3台额定功率为9kW的直流起动发电机并联工作，用于向机上直流电网提供28.5V直流电。蓄电池电源系统由一个额定容量为40A·h的蓄电池供电，向机上直流电网提供24V直流电。

2. 直流电源间的协调关系

正常工作时，直流发电系统和蓄电池电源系统并联供电，向机上直流电网提供28.5V直流电。当直流地面电源系统向机上直流电网供电时，直流发电系统和蓄电池电源系统不能向机上直流电网供电。

3. 控制装置

（1）3个发电机开关。

（2）3个发电机应急切断开关。

（3）3个发电机恢复按钮。
（4）1个蓄电池地面电源开关。
（5）1个蓄电池应急切断开关。
（6）1个蓄电池恢复按钮。
（7）1个应急切断手柄。

4. 监测系统

（1）当发电机直流接触器断开时，发电机断开信号灯燃亮。
（2）当蓄电池断开时，蓄电池断开信号灯燃亮。
（3）当汇流条连接接触器断开时，汇流条断开信号灯燃亮。
（4）一个电压表可用于检查每台发电机的电压及蓄电池汇流条的电压。
（5）发电机电流表可用于检查发电机的供电电流及反流。
（6）蓄电池电流表可用于检查蓄电池的充、放电电流。

7.3.3 直流电源几种供电状态的控制电路

直流供电系统依照直流电的来源不同，可分为直流发电系统、蓄电池电源系统和直流地面电源系统。

1. 直流发电系统工作原理

如图7-10所示。直流发电系统由3套独立的发电机电源系统并联组成，每套发电机电源系统由1台起动发电机、1个发电机控制盒、1个直流接触器、1个发电机安全继电器、1个滤波器、1个发电机电流表指示器、1个发电机断开信号灯等组成。

直流发电系统的3套发电机电源系统的工作原理是一样的，下面以1号发电机电源系统为例进行说明。

起始状态：发电机开关接通；发电机断开信号灯亮；蓄电池接入汇流条；发电机由发动机驱动工作。

（1）发电机接通。由发电机馈电线、直流接触器来的电压以及从蓄电池汇流条WP6来的电压，两者分别加到发电机控制盒的压差接通敏感电路。当两个电压值相差为0～0.5V时，所敏感的信号经比较放大后就触发执行电路，使继电器吸合，进而使直流接触器通电工作。直流接触器闭合主触点，发电机接入电网；同时，直流接触器的辅助触点断开，从而断开发电机信号灯的供电，信号灯熄灭。

（2）发电机断开。当发电机投入电网供电以后，发电机控制盒中压差接通控制电路就自动变成了反流保护电路。如果发电机的端电压低于发电机汇流条WP1的电压，就会有一个电流流向发电机。当此反流达到一定值时，反流敏感信号经比较放大，输给执行电路使继电器释放，从而切断直流接触器的供电，使发电机退出电网，并使发电机断开信号灯燃亮。

2. 蓄电池电源系统的工作原理

蓄电池电源系统由1个蓄电池、1个蓄电池反流保护器、1个蓄电池接触器、1个蓄电池辅助继电器、1个蓄电池电流表分流器、1个蓄电池电流表、1个蓄电池断开信号灯等组成。

如图7-10所示，蓄电池通过馈电线经蓄电池反流保护器、蓄电池接触器等连接到汇流条WP6。

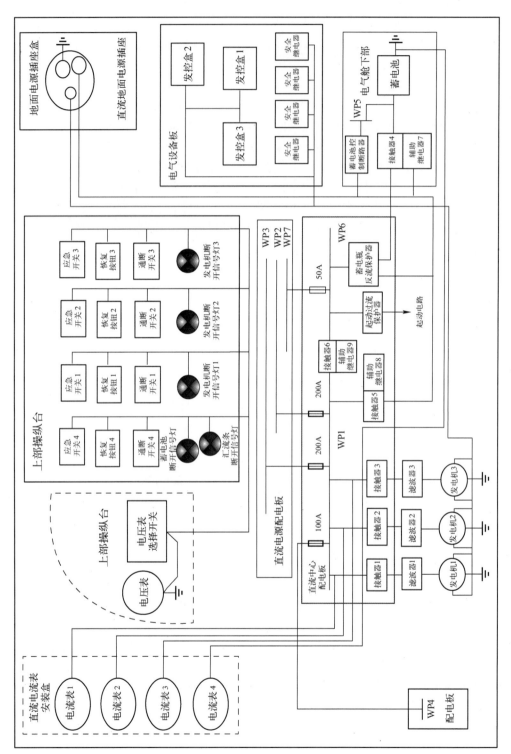

图 7-10 某型直升机直流电源系统原理电路

接通蓄电池地面电源开关，蓄电池接触器经反流保护器由汇流条 WP5 供电，两者的主触点闭合，接通蓄电池到汇流条 WP6 的电路，蓄电池断开信号灯熄灭。

蓄电池和汇流条 WP6 连接，可以使蓄电池给负载电路供电。

当直流发电系统和蓄电池电源系统并联工作时，与 WP6 连接的负载通常由直流发电系统供电，如果蓄电池容量不足，直流发电系统将对蓄电池充电。

3. 直流地面电源系统的工作原理

直流地面电源系统主要由地面电源插座、地面电源接触器、地面电源辅助继电器、地面电源安全继电器等组成。其工作原理电路如图 7-10 所示。

当直流地面电源通过地面电源插座向机上直流电网供电时，将引起发电机和蓄电池断开及汇流条 WP1 和 WP6 接通。

（1）接通供电。当直流地面电源通过地面电源插座向机上电网供电时，接通蓄电池地面电源开关，安全继电器通电动作，其触点接通地面电源接触器和地面电源辅助继电器的供电，接触器 5 工作，接通地面电源插座到发电机汇流条 WP1 的供电电路，使地面电源给 WP1 供电；接触器 5 通电动作，使蓄电池反流保护器接线端"+"断电，蓄电池断开，同时接通接触器 6 线圈的电路，使汇流条 WP1 和 WP6 接通。

（2）断开供电。断开地面电源开关，安全继电器线圈断电，其触点释放，切断接触器的供电。于是接触器就断开直流地面电源插座到汇流条 WP1 的电路，从而断开地面电源给汇流条 WP1 的供电。

第 8 章　交流电源设备

8.1　交流发电机

直升机交流电源系统中，都采用同步发电机作为主电源。本节重点学习同步发电机的基本工作原理和基本类型，从而对同步发电机的基本电磁关系和运行规律有所了解。

8.1.1　同步发电机基本类型

同步发电机按结构形式不同，分为旋转电枢式和旋转磁极式。旋转电枢式同步发电机主磁极在定子上，电枢绕组在转子上。此结构只适用于小容量电机，近来已很少采用。旋转磁极式同步发电机是同步发电机的基本形式，其定子上电枢绕组产生的交流电便于引出，转子上装设磁极，直流激磁电流通过电刷与轴上滑环引入。因为激磁部分容量和电压比电枢小得多，所以，采用此结构后，电刷和滑环的负荷及工作条件大为减轻。

同步发电机按激磁系统供电方式不同，分为他激式和自激式两种。他激式同步发电机的激磁电流由其他独立的直流电源供给，自激式同步发电机的激磁电流需从主发电机输出的交流电经整流而取得。

同步发电机按有无电刷，分为有刷同步发电机和无刷同步发电机。由于有刷同步发电机存在电刷和滑环，可靠性低，而且使用条件受到很大限制，所以，目前广泛采用带旋转整流器的无刷同步发电机。

8.1.2　同步发电机基本原理

同步发电机是根据导体切割磁力线产生感应电动势这一基本原理工作的。因此，同步发电机应具有产生磁力线的磁场和切割该磁场的导体。通常前者是转动的，称为转子，后者是固定的，称为定子，定、转子之间有气隙（称为工作气隙），如图 8-1 所示。定子上有 AX、BY、CZ 三相定子绕组，它们在空间互差 120° 电角度对称分布放置在定子铁芯槽中，每相的结构参数都完全相同。转子具有 p 对磁极，上面装有直流激磁的转子绕组，当直流电流通过电刷和滑环流入转子绕组后，产生的主磁通由 N 极出来经过气隙、定子铁芯，再经过气隙进入 S 极构成主磁路，如图 8-1 中虚线所示（图中 $p=1$）。

当发电机的转子由原动机驱动，以转速 n 按图 8-1 所示方向做恒向旋转时，定子中三相绕组的导体依次切割磁力线。于是，三相绕组便感应出各相大小相等、相位彼此相差 120° 的交流电动势。根据图 8-1 所示转子的转向，若气隙磁通密度按正弦波分布，则三相绕组感应电动势波形如图 8-2 所示，相序为 $A \to B \to C$。交流电动势的频率 f 可这样确定：当转子为 1 对极时，转子旋转一周，定子绕组中导体被一对磁极切割，所以定子绕组中感应电动势变化一个周期；当同步发电机具有 p 对极时，转子旋转一周，导体被

p 对磁极切割,所以感应电动势就交变 p 个周期。当转子转速为每分钟 n 转时,则交变电动势的频率为

$$f = \frac{pn}{60} \text{ (Hz)} \tag{8-1}$$

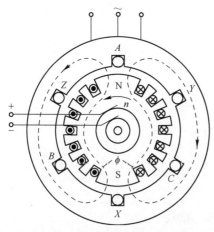

图 8-1 同步发电机的基本原理图

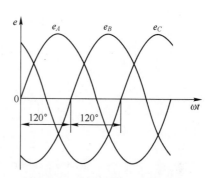

图 8-2 定子三相电动势波形

式(8-1)表明,同步发电机定子绕组感应电动势的频率取决于它的极对数 p 和转子转速 n。可见,发电机制成后,极对数 p 确定,则发电机电动势频率 f 与转子转速 n 成正比。所以改变原动机转速 n 可以改变发电机电动势的频率 f。

若定子与三相负载接通,则定子三相绕组内流通三相电流,产生旋转的电枢磁动势,其基波的转速为 n_1,即

$$n_1 = \frac{60f}{p} = \frac{60}{p} \times \frac{pn}{60} = n \tag{8-2}$$

式(8-2)表明,电枢磁动势基波与转子同速、同向转动,称为"同步",即定子旋转磁场与转子恒定磁场两者同步,相对静止,从而有确定的相互关系,可以进行能量传递。

8.1.3 同步发电机工作原理

1. 他激式无刷同步发电机工作原理

他激式无刷同步发电机是带永磁式副激磁机的三级式同步发电机,其原理电路如图 8-3 所示。主发电机、交流激磁机、副激磁机共轴组合而成,转子上装有旋转整流器。主发电机是一个旋转磁极式同步发电机,交流激磁机是旋转电枢式的,为区别一般直流激磁机而称为交流激磁机。这样在转子的电枢绕组上可获得三相交流电,这三相交流电经整流后为主发电机提供直流激磁电流。整流器装在转子上,随转子旋转,所以称为旋转整流器。不难看出,有了交流激磁机和旋转整流器,为主发电机激磁绕组供电就不必用电刷滑环了。只要给交流激磁机激磁,就可以达到给主发电机激磁的目的,调节交流激磁机的激磁电流也就间接地改变着主发电机的激磁电流。这些就是实现无刷结构的基本原理。

如图 8-3 所示,当永磁体在发动机的带动下高速旋转时,副激磁机的定子绕组切割永磁体磁力线,产生三相感应电势,经调压器的适当调节,给激磁机的激磁绕组加以激磁电流,因此激磁机的电枢绕组中便产生三相交流电,经旋转整流器整流得到直流电加

到主交流发电机的激磁线圈上，在其定子绕组中便产生三相交流电。

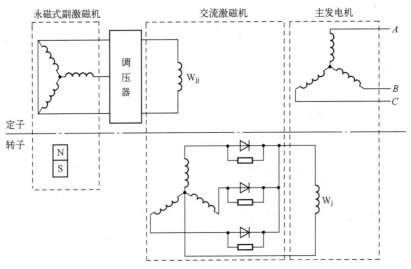

图 8-3 三级式无刷同步发电机原理电路

2. 自激式同步发电机工作原理

有些航空同步发电机，没有副激磁机。这时，激磁机的激磁电流要从主发电机输出的交流电经整流而取得，这称为自激形式。其原理电路如图 8-4 所示。由于激磁机的激磁所需的电功率很小，和主发电机输出的功率相比，约占 0.1%～0.5%，因此从输出电能中取出很小一部分作激磁机的激磁作用是完全允许的。但一定要能够可靠自激，例如要有足够的"剩磁电压"，使一开始由此起激而建立正常的电压。这可在激磁机的磁极镶嵌永久磁铁，使激磁机具有较大的剩磁电压，从而主发电机也必须有足够的起激电压。

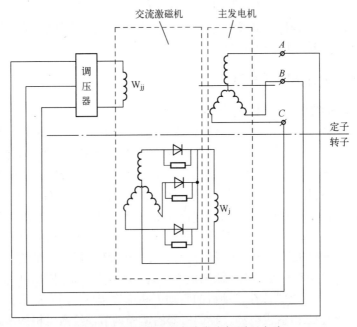

图 8-4 两级式无刷交流发电机原理电路

如图 8-4 所示，当主发电机的交流电经调压器的适当调节，给激磁机的激磁绕组加以激磁电流，因此激磁机的电枢绕组中便产生三相交流电，经旋转整流器整流得到直流电加到主交流发电机的激磁线圈上，在其定子绕组中便产生三相交流电。

8.1.4 同步发电机基本结构

某型同步发电机如图 8-5 所示。其基本部件是壳体、定子、转子、配电盘、脱钩器。

图 8-5 同步发电机

壳体用铝合金铸造，壳体中压装有滚珠轴承的钢套，内部装有主发电机定子和激磁机定子。壳体上装有法兰盘，用于连接发电机与传动机构。

转子由中空轴组成，轴上装有主发电机的转子、激磁机转子以及副激磁机的永磁体，永磁体是副激磁机的转子，做成十二极星状。主发电机转子由电工钢片冲压成六极星状。激磁机转子呈圆滚状，其上有沟槽，沟槽中装有电枢线圈，其上配有 6 个整流器，被固定在轮毂上。转子在两个径向滚珠承轴上旋转，滚珠轴承有内外两个环，内环借助于法兰盘固定，外环可沿轴自由移动，以补偿温度变化对轴与壳体的影响。

配电盘由铝合金铸造，其上配有带盖的接线板、连接器插座、电流互感器。配电盘内部固定着法兰盘，对面装有脱钩器，脱钩器经法兰盘固定在配电盘上。外表面上还有滚珠注油器，用于注润滑油，润滑油由通道进入滚珠轴承与清洁盘的空间，借助于活塞供油和排油。

发电机配电盘上装有防止发电机及其馈线短路的差动保护测量装置——电流互感器。发电机中装有脱钩器，在滚珠受破坏时，保证发电机轴与传动机构自动脱离。

8.2 静态变流器

把直流功率变换为交流功率的装置有旋转变流机和静态变流器。静态变流器是应用半导体器件和集成电路把直流电转换成恒定电压和恒定频率交流电的装置。随着大功率晶体管和以固态元件为基础的换流技术的迅速发展，静态变流器正在逐步取代旋转变流机，用作机上的二次电源或应急电源。它与旋转变流机相比，具有优良的电气性能、效率高及噪声小等特点，在体积、重量、可靠性等方面均优于旋转变流机。目前，静态变流器在我国已形成系列化，日益广泛地用于各类直升机上。静态变流器的主要缺点是：控制线路较复杂，承受过电压和过负荷的能力较差，以及价格较高等。这些缺点将随着元器件性能的提高、设计技术日趋成熟、使用经验逐渐丰富而逐步得到克服。

8.2.1 静态变流器的功用

航空静态变流器在直升机上的主要功用如下：
（1）在主电源为直流电源的系统中，作为二次电源，为自动驾驶仪、陀螺、仪表、无线电设备和雷达设备等提供一定电压和频率的交流电。
（2）在主电源为交流电源的系统中，与蓄电池配合作为应急交流电源，给维持飞行所必需的交流用电设备供电。
（3）为某些特种设备组成不间断供电的专用交流电源。

8.2.2 静态变流器的分类

航空静态变流器有单相的也有三相的，其额定功率从几十伏安到几千伏安不等，输出波形为正弦波。

静态变流器采用不同的分类方法有不同的名称。按功率转换电路的激励方法不同，分为自激式和他激式静态变流器；按功率元件的工作状态不同，分为放大器式和开关式静态变流器；按控制电路的不同，分为一般式和数字式静态变流器。

8.2.3 静态变流器的组成

静态变流器一般由滤波网络、逆变器、直流稳压电源等组成，静态变流器外形如图 8-6 所示，原理框图如图 8-7 所示。

图 8-6 静态变流器

（1）滤波网络：包括输入滤波器和输出滤波器。输入滤波器用来抑制从直流电网来的瞬变量，同时又能抑制逆变器对直流电网产生的瞬变量及噪声。输出滤波器用来滤除各高次谐波电压，以获得低失真度的正弦波电压。

（2）逆变器：又称逆变电路，它是静态变流器的核心部件，由功率转换电路和控制电路组成。其功能是把直流电能转变为所需频率的交流电能。

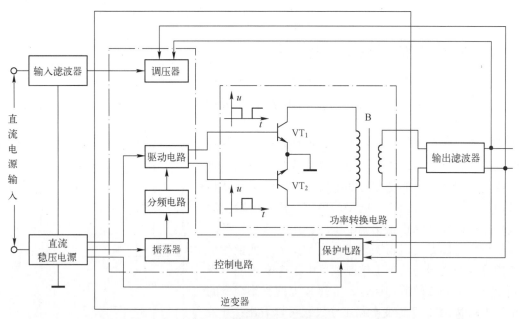

图 8-7 静态变流器原理框图

逆变器的基本形式,按功率开关元件的连接方式来分,有推挽式、半桥式和全桥式逆变器。按输出波形(图 8-8)来分,有矩形波逆变器和准矩形波逆变器等。

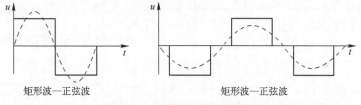

矩形波—正弦波　　　　　　矩形波—正弦波

图 8-8 逆变器输出电压波形图

功率转换电路是进行能量转换的部分,由大功率晶体管或晶闸管作为功率转换元件,工作于开关状态。由大功率开关晶体管和变压器组成的功率转换电路是实现变压、变频以及完成输出电压恒定的执行部件,也是静态变流器的关键部件,它对整机的效率、可靠性及体积重量等方面都有重要的影响。功率转换电路有推挽式、全桥式和半桥式等形式。

从广义来说,除了上述介绍的从直流电源到交流输出端传输功率的主回路以外,其他电路都称为控制电路,包括振荡器、分频器、电压调节器、驱动电路和保护电路等。控制电路是向功率转换电路中功率晶体管的基极提供激励信号或向晶闸管的控制极提供触发信号的电路。

控制电路是使功率开关管正常工作不可缺少的输入信号电路。其功能是向驱动电路提供一对前沿陡峭、相位相差 180°、对称的宽度可变的矩形脉冲波,通过这一对脉冲电压的有和无、脉冲的窄和宽、脉冲宽度的变化量和输出频率的控制达到规定的精度;获得规定的输出电压及其调节范围;当负载发生过流或短路以及输出过电压时应能提供保护。

(3) 直流稳压电源:用来给控制电路提供高稳压精度的直流电,以保证电路工作稳定可靠。

8.2.4 静态变流器的基本原理

由图 8-7 可知，直流电源经滤波器、调压器施加到由大功率开关晶体管 VT_1、VT_2 和变压器 B 组成的功率转换电路上，开关晶体管 VT_1 和 VT_2 由控制电路提供的一对彼此绝缘、相位差 180°的矩形波电压脉冲激励而交替地通断，将直流电压变换成与激励脉冲具有相同波形和频率的交变脉冲电压，再经变压器 B 将该电压（升）降成所需要的交流电压，然后经输出滤波器获得所需的正弦交流电压。

逆变电路是变流器实现直流电与交流电变换的核心部分。逆变器的简单工作原理可由图 8-9 说明。当两组开关 1 和 2 轮流切换时，负载 R 上便得到交变的电压 U_R。从图 8-9 逆变电路工作过程可以看出：开关 1 接通、开关 2 断开或开关 2 接通、开关 1 断开，这个过程称为逆变电路的换向过程，所以，逆变电路的工作过程就是开关 1 与开关 2 轮流通断的过程；控制开关 1、2 交替通断的次数，就可以改变交流电的频率，如果要得到频率为 50Hz 的交流电，则开关 1 与 2 每秒就得各通断 50 次，要获得更高频率的交流电，则开关 1 与 2 每秒通断的次数就更多。这样频繁的通断，对于普通开关、接触器、继电器来说，都是难以达到的，所以必须用电子器件来代替。由于晶体管是一个理想的开关，因此可用 4 只晶体管来取代开关 1 和 2，如图 8-10 所示。只要能控制晶体管，使其在一对晶体管导通时，另一对晶体管关断。当它们不断地轮流切换时，便实现了直流电转换成交流电的逆变过程。

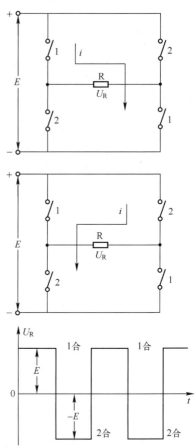

图 8-9　逆变器工作原理示意图

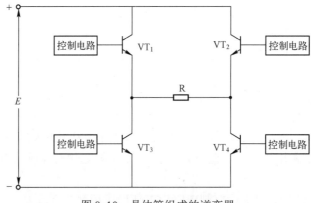

图 8-10　晶体管组成的逆变器

8.2.5 功率转换电路的形式及特点

由大功率开关晶体管和变压器组成的功率转换电路是实现变压、变频以及完成输出电压恒定的执行部件，也是静态变流器的关键部件，它对整机的效率、可靠性及体积重量等方面都有重要的影响。功率转换电路有推挽式、全桥式和半桥式等形式。下面分别研究其工作原理及其特点。

1. 推挽式功率转换电路

推挽式功率转换电路如图 8-11（a）所示。开关晶体管 VT_1 和 VT_2 由基极驱动电路以相差 180°的矩形脉冲激励而交替通断。当 VT_1 导通、VT_2 截止时，电流 i_1 从电源正极流出，经过变压器初级绕组 W_1、晶体管 VT_1 回到电源负极。此时，在变压器初级绕组 W_1 两端产生感应电压 u_1，0 端为正，1 端为负。同时在初级绕组 W_2 两端也产生感应电压 u_2，2 端为正，0 端为负，且 $u_2=u_1$。如忽略 VT_1 的饱和压降，则

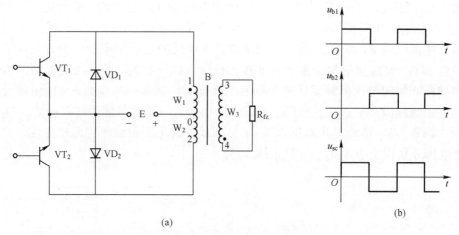

图 8-11 推挽式功率转换电路及波形

$$E = u_1 = \frac{d\Phi}{dt} \tag{8-3}$$

在变压器次级绕组 W_3 上也感应出电压 u_3，3 端为正，4 端为负，其值为

$$u_3 = \frac{W_3}{W_1} \cdot E = n \cdot E \tag{8-4}$$

式中：n 为变压器 B 的变比。

在下半个周期，晶体管 VT_2 被激励导通，VT_1 截止，电流 i_2 的流动方向是从电源正极经初级绕组 W_2、晶体管 VT_2 回到电源负极。初级绕组 W_2 感应电压方向已经改变，次级绕组 W_3 感应电压的方向也将改变，大小仍由式（8-3）和式（8-4）决定，下一个周期重复上述过程。各级电压波形如图 8-11（b）所示。由上述分析可知，在一管导通和一管截止时，截止管上将施加两倍的电源电压（即 $2E$）。而一对晶体管均截止时，它们的集电极施加电压为 E。在上述两个过程中，输出变压器 B 次级绕组的电压方向相反，输入直流电源电压变成了矩形波交流电压，幅值为 nE，频率就是激励信号的频率。

在开关晶体管的暂态过程中,由于变压器漏感储能的作用,当开关晶体管关断瞬间,在集电极稳态截止电压上会形成电压尖峰;在开关晶体管开通时,由于集电极电容的存在,集电极稳态电流上将会伴以尖峰。为了抑制上述尖峰,需给磁场能量的释放提供通路,为此在开关晶体管 VT_1、VT_2 的集电极间反向并接高速钳位二极管 VD_1、VD_2,如图 8-11(a)所示。例如 VT_1 由导通变为关断的瞬间,在 W_2 绕组产生 0 端为正,2 端为负的感应电压,此电压经电源 E 和二极管 VD_2 释放。

这种电路的特点是:线路简单,只需两个开关晶体管。但对晶体管的耐压要求高,即要求晶体管的 $BV_{ceo}>2E$。一对晶体管的发射极相连,两组基极驱动电路彼此间无须绝缘,可以简化驱动电路。变压器初级绕组直接施加输入电源电压 E,两个绕组轮流工作,所以能获得较大的功率输出。这种电路的缺点如同自激推挽电路一样,变压器初级绕组只有一半时间工作,利用率低。

2. 全桥式功率转换电路

如图 8-12 所示,当一组开关晶体管(例如 VT_1、VT_4)导通时,截止晶体管(VT_2、VT_3)上施加的电压近似为电源电压 E,当两组开关管均截止时,一组两个开关管将共同承受电源电压 E,这样大功率开关晶体管所承受的电压比推挽电路大大降低。功率开关管 $VT_1\sim VT_4$ 集射极分别反向并接二极管 $VD_1\sim VD_4$,其作用是抑制晶体管从导通转向截止瞬间变压器漏感储能产生的尖峰电压。例如:当 $VT_1\sim VT_4$ 由导通转向截止时,初级线圈 W_1 中产生右正左负的感应电势,则漏感储能通过二极管 VD_2、电源 E、二极管 VD_3 释放,从而使 VT_1 与 VT_4 承受的电压钳位于电源电压 E,VT_2 与 VT_3 上电压分别钳位于 VD_2 与 VD_3 的管压降。

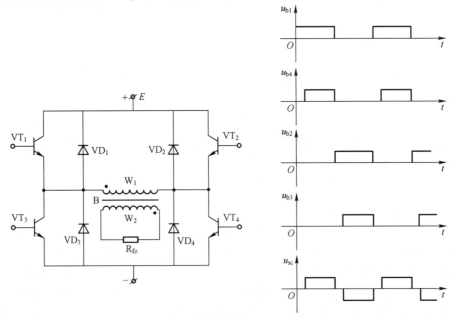

图 8-12 全桥式功率转换电路及波形

由图 8-12 可见,晶体管 VT_1、VT_3 和 VT_2、VT_4 分别与电源串联。在转换时,由于晶体管存在存储时间,当要关断的晶体管处于存储时间内,开通晶体管已进入开通状态,因此电源经过两个晶体管而短路,这不仅使电路开关损耗大大增加,逆变失败,严重时将导致功率晶体管的损坏。为此,两个功率开关管在工作中应有一个共同休止的期间,才能防止上述共同导通现象。通常采用下列措施:一是缩短晶体管存储时间;二是适当选择基极激励信号的脉冲宽度,并考虑适当的死区范围。

存储时间是由晶体管饱和引起的,饱和越深,则晶体管由饱和区到线性区的过渡时间越长,表明存储时间越长。因此,要选择恰当的驱动信号使功率开关管工作在一定的饱和深度,以避免工作于深饱和状态。同时,在功率开关管截止时,要设法加入比基极驱动电流大 1.5~2 倍的反向基极电流,使晶体管基、射结的存储电荷被拉出来,以缩短存储时间,保证晶体管迅速截止。

驱动电路脉冲宽度必须选择适当,也就是脉冲宽度在半个周期中要占适当的比例。脉冲宽度的选择,既要考虑避免功率开关管共同导通问题,又要考虑变换器稳压要求问题。前者要求限制基极驱动信号最大脉冲宽度使两个功率开关管有共同休止时间,后者要求驱动信号脉宽应有一定的调整范围。为了使变换器稳压电源输出电压稳定,在变换器输入电压为最低允许值和负载电流最大时,功率开关管应有最大导通脉宽,以使输出电压能够达到上限值。在变换器输入电压为最高允许值和负载电流最小时,功率开关管应有最小导通宽度,以使输出电压达到下限值。

与推挽功率转换电路相比,全桥式电路使用了 4 个开关晶体管,需要 4 组彼此绝缘的基极驱动电路,不仅电路复杂,元器件多,而且驱动功率大。但是,对开关晶体管的耐压要求低。输入电压直接施加在变压器上,变压器利用率高,故宜于获得大功率输出。

3. 半桥式功率转换电路

半桥式功率转换电路如图 8-13 所示。它和全桥式电路相似,仅使用两个电容器 C_1 和 C_2 取代全桥式电路中的两个桥臂。功率开关管 VT_1 与 VT_2 由控制电路轮流送激励信号,使两管轮流导通与截止。开始当一对开关管均截止时,因接通直流电源瞬间,C_1 与 C_2 串联被电源充电,若 C_1 和 C_2 的容量相等而且电路对称,则电容器中 A 点的电压为输入电压的一半,即 $U_{C1}=U_{C2}=\dfrac{E}{2}$。当开关管 VT_1 被基极驱动电路激励导通时,电容器 C_1 将通过变压器初级线圈 W_1 和开关管 VT_1 放电,同时,电容器 C_2 则通过输入电源 E、开

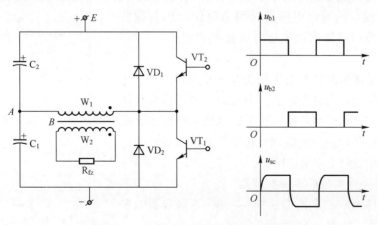

图 8-13 半桥式功率转换电路及波形

关管 VT_1 和变压器初级线圈 W_1 充电，中点 A 的电位在充放电过程中将按指数规律下降，在开关管 VT_1 导通终了时，A 点电位将下降到 $E/2-\Delta E$；接着是一对晶体管都截止的时期，此时 $U_{CE1}\approx U_{C1}$，$U_{CE2}\approx U_{C2}$。它们都接近输入电源电压的一半；当开关管 VT_2 被激励导通时，电容器 C_1 将被充电，电容器 C_2 将放电，中点 A 的电位在开关管 VT_2 导通终了时将增到 $E/2+\Delta E$，亦即中点 A 的电位在电路开关过程中将在 $E/2$ 的电位上以 $\pm\Delta E$ 的幅度作指数变化。

上述 3 种形式的功率转换电路，不仅可以在矩形波方式下工作，而且可以在准矩形波或脉宽调制波等的方式下工作。3 种形式的功率转换电路的特点归纳在表 8-1 中。

表 8-1 三种形式的功率转换电路的特点

项目		推挽式	全桥式	半桥式
开关晶体管集射极间施加的电压		稳态为 $2E$，由漏感引起的尖峰 $U_{cemax}>2E$	稳态为 E，用二极管钳位 $U_{cemax}\leq E$	同全桥式
相同功率输出时集电极电流		I_C	I_C	$2I_C$
相同集电极电流时输出功率		P_0	P_0	$1/2 P_0$
变压器上施加的电压		E	E	$1/2 E$
大功率开关管的个数		2	4	2
基极驱动电路	功率	小	大	中
	元器件数量	少	多	中
	复杂程度	简单	复杂	中等
易于获得的输出功率		大	大	中

8.2.6 控制电路

从广义来说，除了上述介绍的从直流电源到交流输出端传输功率的主回路以外，其他电路都称为控制电路，包括振荡器、分频器、电压调节器、驱动电路和保护电路等。

控制电路是使功率开关管正常工作不可缺少的输入信号电路。其功能是向驱动电路提供一对前沿陡峭、相位相差 180°、对称的宽度可变的矩形脉冲波，通过这一对脉冲电压的有和无、脉冲的窄和宽、脉冲宽度的变化量和输出频率的控制达到规定的精度；获得规定的输出电压及其调节范围；当负载发生过流或短路以及输出过电压时应能提供保护。

1. 振荡器

振荡器又称基准频率发生器或脉冲发生器，它的主要功用是产生一定振荡频率的矩形波或脉冲，用来保证输出电压所需要的频率精度。鉴于振荡器种类很多，振荡器形式是根据静态变流器频率稳定度的技术指标来选用的。这里介绍两个常用电路。

1）分立元件组成的多谐振荡器

分立元件组成的多谐振荡器——集-基耦合器的多谐振荡器电路，如图 8-14 所示。

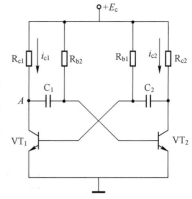

图 8-14 集-基耦合多谐振荡器

（1）初始状态的建立。因电路是两边对称的，所以接通电源之后，VT_1、VT_2 导通的机会是相同的。但事实上 VT_1、VT_2 不可能同时导通。由于元件参数、特性的微小差异，电路的两半部分不可能做到完全对称，加上噪声，电源波动以及干扰等因素的影响，总会使 VT_1、VT_2 的导电程度有所差异。例如，假定 VT_1 管导通强些，i_{C1} 略有增大，那么，它集电极电位 V_{C1} 必有所降低，通过电容 C_1 的耦合，将引起下列正反馈过程：

$$i_{C1}\uparrow \rightarrow V_{C1}\downarrow \xrightarrow{C_1耦合} V_{B2}\downarrow \rightarrow i_{B2}\downarrow \rightarrow i_{C2}\downarrow \rightarrow V_{C2}\uparrow \xrightarrow{C_2耦合} V_{B1}\uparrow \rightarrow i_{B1}\uparrow$$

这个正反馈过程的结果是 VT_1 饱和导通，VT_2 截止。

下面分析 VT_1 饱和的条件。

假如 $I_{B1}=\dfrac{E_C-0.7V}{R_{b1}}$ 足够大，且大于临界饱和基流 I_{BS}，即

$$I_{B1} \geqslant \frac{I_{CS1}}{\beta_1} = \frac{1}{\beta_1}\cdot\frac{E_C}{R_{C1}} \tag{8-5}$$

略去发射结压降（0.7V）时，有

$$I_{B1}=\frac{E_C}{R_{b1}} \geqslant \frac{1}{\beta_1}\cdot\frac{E_C}{R_{C1}} \tag{8-6}$$

得

$$\beta_1 \geqslant \frac{R_{b1}}{R_{C1}} \tag{8-7}$$

满足上式时，VT_1 即可达到饱和导通状态，其集电极电位 $V_{C1}\approx 0.3V$。原电容器 C_1 上有电压 V'_{C1}（注意与 VT_1 集电极电位 V_{C1} 区分），于是 VT_2 的基极电位 $V_{B2}=0.3-V'_{C1}$，使 V_{B2} 成为负值，VT_2 截止，但是这个状态不是稳定状态。

（2）电容 C_1、C_2 交替充电、放电，电路产生振荡。VT_1 饱和、VT_2 截止之后，一方面电源 EC 通过 R_{C2} 对电容 C_2 充电，使 VT_2 的集电极电位 V_{C2} 上升到 $+E_C$，电容 C_2 的端电压 V'_{C2} 升高到（$E_C-0.7V$）。另一方面，电容 C_1 要放电，放电路径是经 VT_1 到地，再经电源 EC 和 R_{b2}，当放电到电容端压为 0 后，E_C 又为 C_1 反向充电，其端电压向（$E_C-0.3V$）趋近。在 C_1 放电、充电的同时，VT_2 的反偏电压值 V_{B2} 也就逐渐下降，最后变为正偏，当它达到 $+0.5V$ 左右时，就使 VT_2 开始导通，于是引起 i_{C2} 增加，V_{C2} 又下降，并且经过电容 C_2 的耦合，使 V_{B1} 下降，使 VT_1 脱离饱和状态，并发生如下的正反馈过程：

$$V_{B2}\uparrow \rightarrow i_{C2}\uparrow \rightarrow V_{C2}\downarrow \xrightarrow{C_2耦合} V_{B1}\downarrow \rightarrow i_{C1}\downarrow \rightarrow V_{C1}\uparrow$$

从这里不难得出结论：上述两个方面中，C_1 的放电及反向充电是决定多谐振荡器振荡过程的主要因素。

同样，如果满足 $\beta_2 > R_{b2}/R_{c2}$ 的条件，将立即形成 VT_1 截止、VT_2 饱和的状态。但是，这个状态也只是一个暂稳态。这时，一方面电源 $+E_C$ 通过 R_{c1} 对电容 C_1 充电，使 V_{C1} 恢复到（$E_C-0.7V$）。另一方面，也是主要方面，C_2 要放电，且被反向充电，其结果又将导致 VT_1 的饱和与 VT_2 的截止。如此周而复始，产生振荡，在振荡过程中，V_{B1}、V_{C1}、V_{B2}、V_{C2} 的脉冲波形如图 8-15 所示。集电极输出波形基本上是一个矩形波，其幅值约为（$E_C-0.3V$）。振荡周期 T 可用下式近似估算：

$$T=t_{K1}+t_{K2}\approx 0.7(R_{b2}C_1+R_{b1}C_2) \tag{8-8}$$

当 $R_{b1}=R_{b2}=R_b$、$C_1=C_2=C$ 时

$$T \approx 1.4R_bC$$

通过改变 R_b 和 C 的数值可以改变振荡周期。

当电路参数不对称时，$R_{b1} \neq R_{b2}$、$C_1 \neq C_2$ 时，$t_{K1} \neq t_{K2}$，就可以得到不对称的输出脉冲波形。

2）CMOS 门构成的多谐振荡器

CMOS 门具有接近理想的开关特性，并且功耗低，输入端不取静态电流，由它组成的基本多谐振荡器如图 8-16 所示。

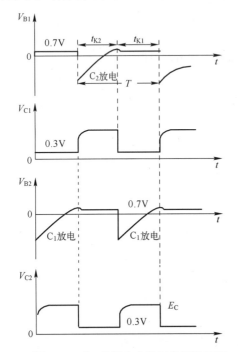

图 8-15 集-基耦合多谐振荡器波形图

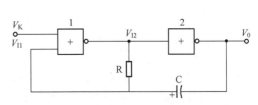

图 8-16 CMOS 或非门组成的多谐振荡器

多谐振荡器由两个或非门 1、2 加 R、C 定时元件构成，V_K 为控制端，当 $V_K=V_H$ 为高电平时，振荡器不工作；当 $V_K=V_L$ 为低电平时，振荡器振荡。

电路刚开始接通时，电容 C 没有充电，此时 V_K 为低电平，V_{I2} 为高电平、V_0 为低电平、V_{I1} 为低电平。V_{I2} 高电平通过电阻 R 对电容 C 充电，随着充电，V_{I1} 将上升，当电容电压达到或非门门 1 的高电平阈值时，电路的电平状态翻转，V_{I1} 为高电平、V_{I2} 为低电平、V_0 为高电平，此时电路进入一个暂稳态。当电路中的 V_{I2} 为低电平、V_0 为高电平时，电容 C 通过电阻 R 放电，V_{I1} 电压开始降低。当电压降低到低于或非门的输入低电压阈值时，整个电路的电平状态开始翻转，V_{I1} 为低电平、V_{I2} 为高电平、V_0 为低电平，电路进入另一个暂稳态。这样，门 1、门 2 不断在导通、关闭间转换，电容 C 重复上述充电过程，如此循环，即形成电振荡。

工作原理：当 V_K 为 $V_H \rightarrow V_L$ 变化时（因不振荡时，电容 C 的隔离作用，使 $V_{I1}=V_L \approx 0$），门 1 关闭，V_{I2} 为 $V_L \rightarrow V_H$，门 2 导通，V_0 从 $V_H \rightarrow V_L$ 变化，此时电容 C 两端的电平不变，因电容 C 两端电压不能突变，使 V_{I2} 从起始电平有一个下跳，但

因 CMOS 输入端来说，V_{I1} 仍为低电平。此后，电路从 V_{I2} 经过 R、C 到 V_0 对电容 C 充电，随着充电，V_{I1} 将上升，当 V_{I1} 上升到门槛电平 $V_T \approx E_D/2$ 时，门 1 导通，V_{I2} 从 $V_H \to V_L$ 变化，门 2 从导通转为关闭，V_0 从 $V_L \to V_H$ 变化，V_{I1} 有一个向上突跳，V_{I1} 仍为高电平，$V_H \approx E_D$。此后，电路从 b 经过 R、C 到 a 对电容 C 进行反向充电（放电），随着放电，V_{I1} 将下降，当 V_{21} 下降到 $V_T \approx E_D/2$ 时，门 1 又从导通转为关闭，门 2 又从关闭转向导通，电容 C 又重复上述充电过程，如此循环，即形成振荡，其波形如图 8-17 所示。

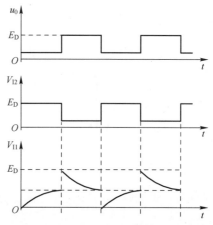

图 8-17 CMOS 多谐振荡器各点电平波形

同样，按照前述的推导方法可算出振荡周期为

$$T = T_1 + T_2 = RC\ln\left(\frac{E_D}{E_D - V_T} + \frac{E_D}{V_T}\right) \tag{8-9}$$

当 $V_T \approx E_D/2$ 时，$T_1 = T_2$，$T = RC\ln 4 \approx 1.4RC$。

其中：V_T 为门电路的门槛电平；E_D 为电源电压。

振荡幅度：$V_m \approx E_D$。

2. 分频电路

对于一对高压开关管交替开关工作的逆变必须将振荡器和脉宽调制器的输出脉冲分解为两组相位差为 180°的交替脉冲列，而分频器就是将上述脉冲分解为两组交替的脉冲序列，即产生两组相位差为 180°彼此对称的矩形波电压，以满足他激双端逆变电路功率开关管交替工作的需要。

能够完成上述功能的电路很多，例如，双稳态触发器、JK 触发器、D 触发器及与非门组合电路等。目前，应用较多的是集成 JK 触发器和 D 触发器，它不需要外接元件，使用方便，工作可靠。

1）JK 触发器及 JK 触发器和与门组成的二分频电路

JK 触发器用作分频时，将触发器输入端 J、K 悬空，CP 端接触发脉冲，则输出端 Q 便得到二分频的对称矩形波。如图 8-18 所示，图中 JK 触发器的 CP 端无负逻辑标志，说明在时钟脉冲的上升沿触发。J、K 输入端悬空就相当于提高电位。又由 JK 触发器的真值表（表 8-2）可知，J=K=1 时，每来一个触发脉冲，在其上升沿时，触发器便翻转一次，于是在 Q 与 $\overline{Q}$ 输出端便得到两组对称倒相脉冲序列。输出脉冲频率为输入脉冲频率的 1/2，从而实现二分频。

表 8-2 JK 触发器真值表

T_n		T_{n+1}
J	K	Q
0	0	Q_n
1	0	1
0	1	0
1	1	$\overline{Q}$

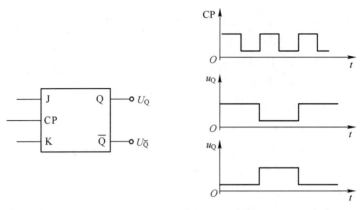

图 8-18 JK 触发器二分频波形

由 JK 触发器和与门电路组成的二分频电路及电压波形如图 8-19 所示。触发器由脉宽电路输出的脉冲触发，其输出 Q 与 $\overline{Q}$ 以及脉宽电路输出分别在与门 1 和与门 2 相与，调宽输出脉冲便被分解为两组交替的脉冲序列，如图 8-19 中的 D 和 E 波形。

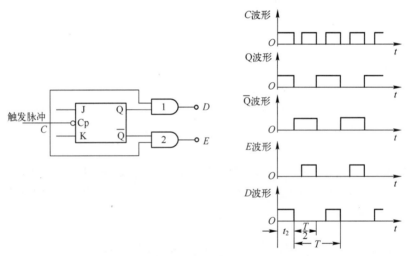

图 8-19 触发器和与门电路组成的二分频电路及电压波形

2）D 触发器作二分频

D 触发器作二分频的电路接法及波形如图 8-20 所示。

D 触发器用作二分频，将 $\overline{Q}$ 端接回 D 端，这样由于 D 触发器的逻辑表达式 $Q_{n+1}=D$，即在这种方式下 $Q_{n+1}=\overline{Q}_n$，因此，触发器的输出状态，随 CP 时钟信号到来而呈不断翻转状态，即在前一时钟上升沿输出 Q_n，下一个时钟上升沿翻转为 $\overline{Q}_n$，这样若在 CP 的一个周期内，Q_n 输出均为高，而下一个周期则相反，即两个时钟状态使 Q_n 输出改变一个周期，因此构成一个简单的二分频电路。

Q_n 和 $\overline{Q}_n$ 均输出二分频的脉冲串，而相位相反。

3．驱动电路

直接为功率开关管提供激励信号的电路称为驱动电路。驱动电路的作用是将分频电路输出的两组交替脉冲加以放大,以满足功率开关管激励电压与电流的要求,并为改善功率开关管运行特性提供条件。由于它所提供的脉冲幅度以及波形关系到功率开关管的开通时间、饱和压降、存储时间、集电极电流和电压的上升速度等运行特性,从而直接影响其损耗和发热,因此,一个良好的驱动电路是关系到变流器质量优劣的重要因素之一。

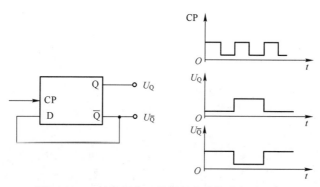

图 8-20 D 触发器作二分频的电路接法及波形

对驱动电路的基本要求:

(1)在功率开关管导通的开始阶段,为了缩短晶体管从截止到饱和导通的过渡时间,驱动电流的前沿部分必须快速上升并有过冲特性。

(2)功率开关管进入饱和导通之后,其正向基极电流数值只要在最恶劣情况下仍能保证晶体管饱和导通即可,过大的基极电流会使晶体管处于不必要的深度饱和,给减小存储时间和关断带来困难。

(3)功率开关管开始截止时,为了缩短存储时间和下降时间,基极要有足够大的反向驱动电流,以迅速消除晶体管基区储存的电荷,加快关断速度。

驱动电路多种多样,按提供的正向基极电流和被驱动晶体管集电极电流之间的关系可分为"比例电流驱动"和"恒流驱动"两大类。

比例电流驱动电路是指功率开关管基极驱动电流和集电极电流始终保持一定的比例关系即功率开关管的基极驱动电流随着集电极电流的变化而变化,当集电极电流增大时,基极电流应随之增大;反之,集电极电流减小时,基极电流应随之减小,从而使功率开关管工作在浅饱和或临界饱和状态,以减小存储时间。恒流驱动是指功率开关管的正向基极驱动电流基本保持恒定的数值,它不随集电极电流的增减而变化。由于基极电流不变,所以功率开关管的饱和深度将随负载电流的变化而变化,从而导致空载时饱和深,存储时间大大增加。因此恒流驱动电路必须和缩短存储时间的措施相结合,通常采用关断晶体管时带有反向驱动来解决。

4. 保护电路

静态变流器通常设有过电流和过电压保护电路。

过电流保护的形式有切断式、限流式和限流-切断式。

在限流式电路中,当过电流消除后,设备能自动恢复正常工作,而在切断式和限流-切断式的电路中,当过电流消除后一般说不能自动恢复正常工作,需要重新起动、接通或采取其他措施。

电流检测元件通常是接在负载回路中的，它可以采用电阻和电流互感器等，用电阻的电路较简单、可靠，但电阻要损耗功率，从而降低电源的效率，故一般在中、小电流负载时采用。而电流互感器则适宜在大电流负载时使用，它损耗的功率很小，但电路较复杂一些。此外，设计电流互感器时则应注意对铁芯要有一定的频率要求，以防止在过电流保护点附近脉冲变窄时，电流检测的灵敏度变差。

第9章 交流电压调节装置

和直流发电机一样,当交流同步发电机的转速和负载的大小变化时,它的电压也将发生变化。为了保证用电设备得到稳定的电能,就需要对同步发电机电压进行调节。

交流发电机电压的调节原理和直流发电机的调节相似,也是通过改变激磁电流达到调节目的。

交流发电机电压调节器主要有3种类型,即磁放大器式电压调节器、炭片式电压调节器、晶体管式电压调节器。目前,直升机上广泛使用的是交流晶体管式电压调节器。有些直升机还把晶体管式电压调节器和保护器结合在一起,成为一种综合的调压保护设备,但其原理都与晶体管式电压调节器相似,因此本章重点讨论交流晶体管式电压调节器。

9.1 交流晶体管式调压器的基本原理

交流发电机电压调节器基本原理如图 9-1 所示。

大功率晶体管 BG 串联在激磁机激磁线圈 W_{jj} 的电路中,用来控制激磁机的激磁电流,图中 D 为续流二极管。为了减小晶体管的耗散功率,大功率晶体管工作在开关状态,在忽略其饱和压降与穿透电流的理想情况下,可以将晶体管 BG 看作是一个开关 S,如图 9-1(b)所示。改变晶体管的导通比 σ 就可以调节激磁机的激磁电流。与直流电源系统中曾导出的晶体管调压器的公式相类似,激磁机激磁电流 I_{jj} 与导通比 σ 的关系为

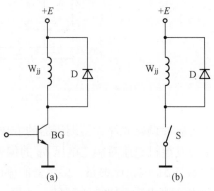

图 9-1 晶体管式调压器的简单原理图

$$I_{jj} = \frac{E}{R_{jj}} \cdot \sigma \tag{9-1}$$

式中:E 为激磁机激磁电路的电源电压;R_{jj} 为激磁机激磁绕组的电阻;σ 为大功率晶体管的导通比,$\sigma = \frac{t_1}{t_1 + t_2}$,$t_1$ 为导通时间,t_2 为截止时间。

9.2 交流晶体管式调压器的基本类型

交流晶体管式调压器有两种基本类型:一种是脉冲调宽式的晶体管调压器,另一种

是脉冲调频式的晶体管调压器。

脉冲调宽式晶体管调压器的方块图如图9-2（a）所示。

检测比较电路的输出电压 Δu 与发电机电压对其额定值 u_{fe} 的偏差成正比，这个信号由调制变换电路转变成脉冲，脉冲的频率是固定的，其脉冲宽度 t_1 与电压 Δu 成正比，调制变换电路的输出脉冲经整形放大得到前后沿比较陡峭的矩形波如图9-2（b）所示，然后通过功率放大去控制激磁机的激磁电流。

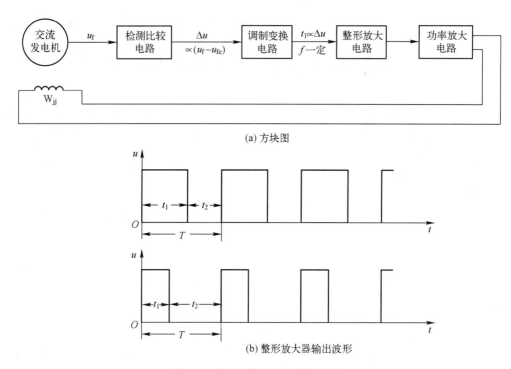

图 9-2　脉冲调宽式晶体管调压器

脉冲调频式晶体管调压器的方块图如图9-3（a）所示。检测比较电路的输出电压 Δu 也与发电机电压对额定电压 u_{fe} 的偏差成正比，这个信号电压输入振荡器，振荡器的振荡频率与 Δu 成正比关系，振荡器的输出经脉冲发生器得到一系列宽度相等而频率与 Δu 成正比的脉冲波，如图9-3（b）所示。这些脉冲波控制功率放大电路中的大功率晶体管的导通比，以调节发电机的激磁电流。

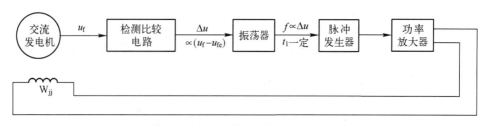

(a) 方块图

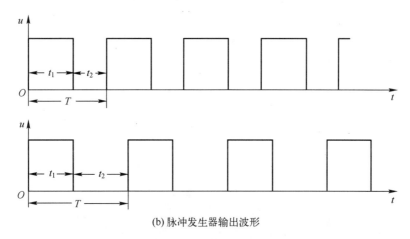

(b) 脉冲发生器输出波形

图 9-3 脉冲调频式晶体管调压器

目前，大多数晶体管调压器都是按脉冲调宽式的原理工作的，所以本章只讨论这种类型的晶体管调节器。

9.3 脉冲调宽式晶体管调压器的构成

9.3.1 检测比较电路

检测比较电路的作用是检测发电机电压并与基准电压相比较形成偏差信号，该电路的输出信号随发电机电压偏差信号的改变而改变。

发电机电压经降压、整流和滤波后加在比较电桥的输入端。所以，检测比较电路通常由变压器、整流滤波电路和比较电桥等组成，其方块图如图 9-4 所示。

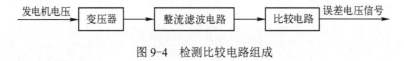

图 9-4 检测比较电路组成

1. 测量的电压信号

三相交流发电机的电压，可形成 3 个相电压、3 个线电压，还可按对称分量法分解成顺序电压和逆序电压等。检测比较电路测量什么样的电压信号，则该调压器就按哪一种电压进行调节。一般认为，可测量下面 4 种电压信号：三相平均电压、最高相电压、固定相电压和顺序电压。

如果测量固定相的相电压，则调压器只能保证该相电压基本恒定。由于负载不均衡，其他两相电压可能偏离额定值而不能得到调节。因此，很少使用按固定相电压进行调节的线路。

由于用电设备的工作并不完全取决于顺序电压，因此按顺序电压调节的线路也未得到应用。

目前，广泛应用的是三相平均电压调节与最高相电压调节。

1）三相平均电压调节

按平均相电压调节的检测比较电路如图 9-5 所示。发电机电压经变压器降压、三相全波整流器整流后，加到比较电路上。

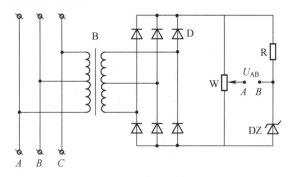

图 9-5　三相电压平均值检测比较电路

交流发电机线电压向量图和三相桥式整流器的输出电压波形如图 9-6 所示。

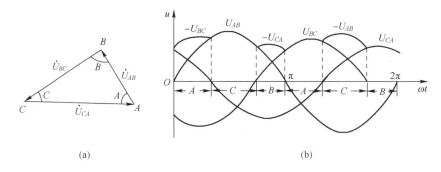

图 9-6　线电压向量图与三相全波整流器输出电压波形

由图 9-6（a）可知：

$$u_{AB} = \sqrt{2} U_{AB} \sin \omega t \tag{9-2}$$

$$u_{BC} = \sqrt{2} U_{BC} \sin[\omega t - (\pi - B)] = -\sqrt{2} U_{BC} \sin(\omega t + B) \tag{9-3}$$

$$u_{CA} = \sqrt{2} U_{CA} \sin[\omega t + (\pi - A)] = -\sqrt{2} U_{CA} \sin(\omega t - A) \tag{9-4}$$

式中：U_{AB}，U_{BC}，U_{CA} 分别为线电压的有效值；u_{AB}，u_{BC}，u_{CA} 分别为线电压的瞬时值；A，B，C 分别为线电压向量三角形的内角。

由图 9-6（b）可以看出，整流电压波形在 $0\sim\pi$ 与 $\pi\sim2\pi$ 两个区间是相同的，因此整流电压的平均值 U_{ZP} 为

$$\begin{aligned} U_{ZP} &= \frac{1}{\pi}\left[\int_{O}^{A}-u_{BC}\mathrm{d}\omega t + \int_{A}^{A+C}u_{AB}\mathrm{d}\omega t + \int_{A+C}^{\pi}-u_{CA}\mathrm{d}\omega t\right] \\ &= \frac{\sqrt{2}}{\pi}\left[\int_{O}^{A}U_{BC}\sin(\omega t + B)\mathrm{d}\omega t + \int_{A}^{A+C}U_{AB}\sin\omega t\mathrm{d}\omega t + \int_{A+C}^{\pi}U_{CA}\sin(\omega t - A)\mathrm{d}\omega t\right] \\ &= \frac{\sqrt{2}}{\pi}[U_{BC}(\cos C + \cos B) + U_{AB}(\cos B + \cos A) + U_{CA}(\cos C + \cos A)] \end{aligned}$$

$$= \frac{\sqrt{2}}{\pi}[(U_{BC}\cos B + U_{CA}\cos A) + (U_{AB}\cos B + U_{CA}\cos C) + (U_{BC}\cos C + U_{AB}\cos A)] \quad (9\text{-}5)$$

由图 9-6（a）可根据几何关系求出：

$$U_{BC}\cos B + U_{CA}\cos A = U_{AB} \quad (9\text{-}6)$$

$$U_{AB}\cos B + U_{CA}\cos C = U_{BC} \quad (9\text{-}7)$$

$$U_{BC}\cos C + U_{AB}\cos A = U_{CA} \quad (9\text{-}8)$$

于是得出：

$$U_{ZP} = \frac{\sqrt{2}}{\pi}(U_{AB} + U_{BC} + U_{CA}) \quad (9\text{-}9)$$

即整流器输出电压 U_{ZP} 正比于线电压的平均值，调压器是按三相电压的平均值进行调节的。

如果采用三相半波整流电路，则整流电压的平均值仍与 3 个线电压平均值成正比，只不过此时的平均电压为三相全波整流的一半，即

$$U_{ZP} = \frac{\sqrt{2}}{2\pi}(U_{AB} + U_{BC} + U_{CA}) \quad (9\text{-}10)$$

采用这种调节方式时，只保证三相电压的平均值基本不变。

2）最高相电压调节

最高相电压调节是按电压最高的那一相电压进行调节，并使该相电压基本不变。最高相电压调节的检测比较电路如图 9-7 所示。

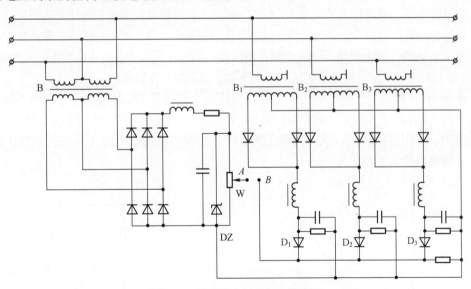

图 9-7 最高相电压检测比较电路

左边的三相整流器输出经滤波、稳压后加在电位计 W 上，电位计活动触点 A 给出基准电压。右边每相电压都分别经全波整流、滤波，再经二极管输出。三相输出的负端与基准电压的负端相连，3 个二极管的负端与 B 点相接，三相当中，只有电压最高的那一相有输出，其他两相的二极管都处于闭锁状态，自 B 点输出的最高相电压与基准电压进行比较，形成偏差信号。这种调节方式只按最高相电压进行调节。

发电机对称运行时，各相电压、线电压基本上是相等的，上述两种调节方式均可起到同样的作用。虽然实际上发电机总是处于不对称运行状态，但一般要求，相电压不平衡不得超过3V，所以上述两种调节方式的差别不大。

在某些采用平均电压调节的直升机上，为防止某一相短路，使非短路相电压过高而烧坏用电设备，同时还设置了最高相电压调节器电路。正常工作时按平均电压调节，故障状态时由最高相电压敏感电路限制最高相电压。

2. 检测比较电路

检测比较电路如图9-8所示。它由电位计 W_1，电阻 R_2、R_3、R_4 和稳压管 DZ 组成。它的输入端接受变压整流滤波电路的输出电压 U_d，它的输出端在 R_2、R_3、R_4 和稳压管 DZ 组成的电桥的 B 端。

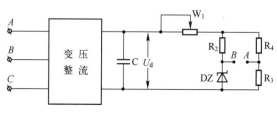

图9-8 检测比较电路

1）检测比较电路的工作特性

检测比较电路的工作特性如图9-9所示。当发电机开始工作而电压较低时，整流滤波电路的输出电压 U_d 的大小还不足以使稳压管 DZ 击穿，电桥中的 B 点电位 V_B 将随发电机电压的升高而升高，电桥中的 A 点电位 V_A 虽然也随发电机电压的升高而升高，但由于电阻 R_4 的分压作用，它升高得较慢，所以，随发电机电压的升高，比较电桥的输出电压 U_{AB}（$U_{AB}=V_A-V_B$）为负值，但其绝对值逐渐增大。当发电机电压升高到某一数值 U_{F0} 以后，整流滤波电路输出电压 U_d 高于稳压管的工作电压时，稳压管击穿，并保持 B 点电位 V_B 不变，而 A 点电位继续随发电机电压升高而升高，此时比较电桥的输出电压 U_{AB} 仍为负值，但绝对值逐渐减小。当发电机电压上升到额定电压值 U_{Fe} 时，U_{AB} 为零，发电机电压如高于额定电压时，则输出电压 U_{AB} 为正，发电机电压越高，U_{AB} 值越大，电压 U_{AB} 与发电机电压之间就形成了图示的工作特性。

图9-10所示为另一种比较电桥电路，它用一个稳压管 DZ 代替图9-8中的电阻 R_4。在额定电压附近，B 点电位 V_B 保持不变，A 点电位 V_A 的变化量与电压 U_d 的变化量相同，而不用乘以分压比，因此，发电机电压变化时，比较电桥输出电压 U_{AB} 变化较快，即该比较电桥电路更为灵敏。

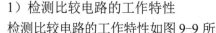

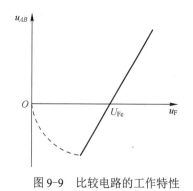

图9-9 比较电路的工作特性 　　图9-10 比较电桥

2）检测比较电路输出电压的波形

检测比较电路输出电压的波形会影响下一级脉冲调制变换电路的工作，因此有必要进行研究。

图 9-11 所示为整流滤波电路输出电压波形。从图可见，整流电路输出的电压不是平稳的直流，其中包含有脉动分量。

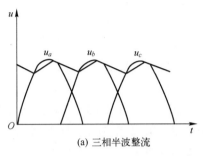
(a) 三相半波整流

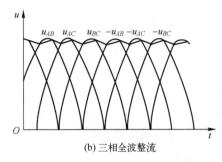
(b) 三相全波整流

图 9-11 整流滤波电路输出电压波形

整流器的输出电压经过滤波电路滤波后加到比较电桥上，大多数晶体管调压器的检测比较电路都不把脉动分量全部滤除，其输出的脉动分量呈三角波的形状。因比较电桥的 B 点电位由稳压管决定，是恒定的，而 A 点电位随整流滤波电路输出电压的变化而变化，因而检测比较电路的输出电压就是叠加了三角波的直流电压。

检测比较电路输出电压中三角波的幅值 ΔU 的大小与整流电路的形式、滤波电路元件的参数等有关。当发电机电压变化时，检测比较电路输出电压中的直流分量 U_{AB} 随之变化。同时，三角波的幅值也随之变化。但由于发电机电压本身的变化范围很小，仅约 2%~3%，所以三角波的幅值变化也很小，可看成基本不变。当发电机电压不同时，检测比较电路输出电压波形如图 9-12 所示，图中 ΔU 为三角波的幅值。

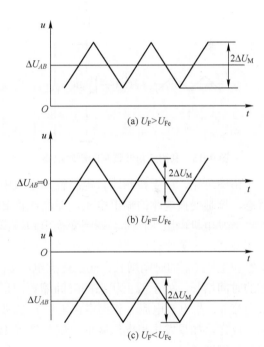

图 9-12 检测比较电路输出电压与发电机电压的关系

9.3.2 调制变换电路

调制变换电路的功用是将检测比较电路输出的信号变成矩形脉冲波。

调制变换电路有多种形式，下面仅介绍利用检测比较电路输出电压中的三角波进行调制的原理。

如图 9-13 所示，检测比较电路的输出电压经电阻 R 加在晶体管 BG 的基射极之间。设晶体管的输入特性如图 9-14 曲线 1 所示，而电阻 R 的负载特性为曲线 2 所示，则调制变换电路的输入特性应为曲线 1 和 2 的综合结果，即曲线 3。由图可见，当输入电压低于晶体管 BG 的死点电压 U_{bo} 时，晶体管 BG 的基极电流为零，晶体管处于截止状态，在其集电极与发射极之间只流过穿透电流 I_{ceo}，其数值很小，晶体管集电极电位很高，其值为 $U_{ceo}=E-I_{ceo}R_{c1}$。当输入电压高于死点电压 U_{bo} 时，开始出现基极电流，晶体管进入放大状态，集电极电流增大，$I_c=\beta I_b+I_{ceo}$，集电极电压逐渐降低。当输入电压增大到 U_{bs} 时，基极电流 $i_{bs}=\dfrac{E-U_{CES}}{R_{C1}}\cdot\dfrac{1}{\beta}$。输入电压大于这个数值时，晶体管 BG 进入饱和状态，如基极电流继续增大，集电极电流也不再增大。此时集电极电压很低，为晶体管的饱和压降 U_{ceo}，随输入电压降低，晶体管 BG 退出饱和，经放大区进入截止状态，集电极电流逐渐减小至穿透电流 I_{ceo}，集电极电压逐渐升高至 $(E-I_{ceo}R_{c1})$。各个不同时刻，晶体管 BG 的基极电流 I_b、集电极电流 I_c 和集电极电压 U_c 随输入电压的变化情况如图 9-15（a）、(b)、(c)、(d) 所示。

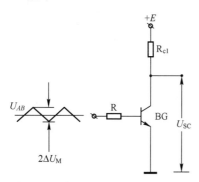
图 9-13 利用三角波调制的原理电路

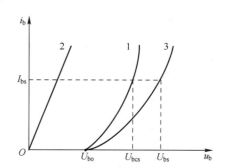
图 9-14 调制变换电路的输入特性

由图可见，由于检测比较电路输出电压中的三角波分量，使晶体管 BG 工作在开关状态，调制变换电路的输出电压，即晶体管 BG 的集电极电压为一列脉冲波。

当发电机电压变化时，调制变换电路输出电压脉冲波的宽度也随之变化。设发电机电压升高，检测比较电路输出电压中的直流分量增大为 U'_{AB}。检测比较电路输出电压高于饱和电压 U_{bs} 的时间增长，低于死点电压 U_{bo} 的时间缩短，因此晶体管 BG 处于饱和状态的时间增长，处于截止状态的时间缩短。这种情况下，调制变换电路输入电压 u、基极电流 i_b、集电极电流 i_c 和集电极电压 u_c 的波形如图 9-15（a′）、(b′)、(c′)、(d′) 所示。反之，如果发电机电压降低，则晶体管 BG 处于饱和状态的时间缩短，处于截止状态的时间增长。

综上所述，借助于三角波的作用，调制变换电路把来自检测比较电路的输入电压信号转变成电压脉冲，此电压脉冲的宽度随发电机电压的变化而变化，发电机电压越高，输出脉冲越窄；发电机电压越低，输出脉冲越宽。

9.3.3 整形放大电路

该电路的功用是将调制变换电路的输出脉冲信号整形为比较标准的矩形波，并加以放大，去控制串接于激磁机激磁电路中的大功率晶体管。

常见的波形整形方法有两种：一种是提高放大电路中晶体管的饱和深度整形法，另一种是正反馈整形法。

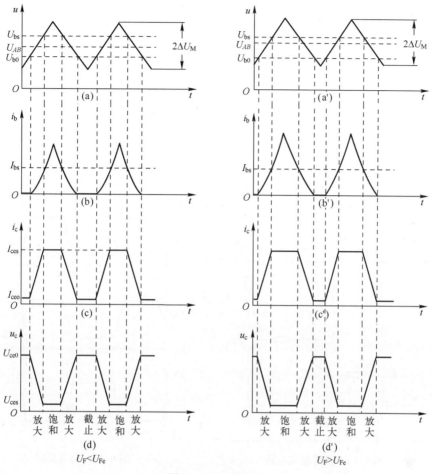

图 9-15 调制过程

1. 提高晶体管饱和深度整形法

利用提高晶体管饱和深度的方法改善波形的整形放大电路如图 9-16 所示。图中第一级是调制级，晶体管 BG_1 集电极电压波形是梯形波，第二、第三两级为整形放大级。当晶体管的基极电流增大到 I_{bs} 值时，晶体管进入饱和状态。如果选择整形电路的参数，使得前级向整形电路的晶体管提供的基极电流比上述数值 I_{bs} 大得多，就可以使整形级的晶体管处于深度饱和状态。

用这种方法整形时，各级晶体管的基极和集电极电压波形如图 9-17 所示，调制变换电路的晶体管 BG_1 的输出电压 U_{c1} 的波形如图 9-17（a）所示。$t_2 \sim t_3$ 为截止区；$t_4 \sim t_5$ 为饱和区；$t_1 \sim t_2$ 与 $t_3 \sim t_4$ 为放大区，整形放大级的晶体管 BG_2 的基极电压 U_{b2} 如图 9-17（b）所示。由于最高基极电压比饱和基极电压 U_{bs2} 大得多，因此 BG_2 的饱和区扩大到 $t'_2 \sim t'_3$，而放大区缩小为 $t'_1 \sim t'_2$ 与 $t'_3 \sim t'_4$，如图 9-17（c）所示。同理，第三级晶体管 BG_3 的饱和区扩大到 $t'_4 \sim t'_5$，其截止区与 BG_2 的饱和区 $t'_2 \sim t'_3$ 基本相对应，如图 9-17（e）所示。比较图 9-17（a）与（e）可见，饱和区由 $t_4 \sim t_5$ 扩大到 $t'_4 \sim t'_5$，截止区由 $t_2 \sim t_3$ 扩大到 $t'_2 \sim t'_3$，而放大区大大缩小。这就改善了第三级晶体管 BG_3 集电极电压波形，也就是整形放大电路的输出电压波形。通常，用 2 级～3 级整形电路就可将调制变换电路输入的梯形波整形为形状较好的矩形波。

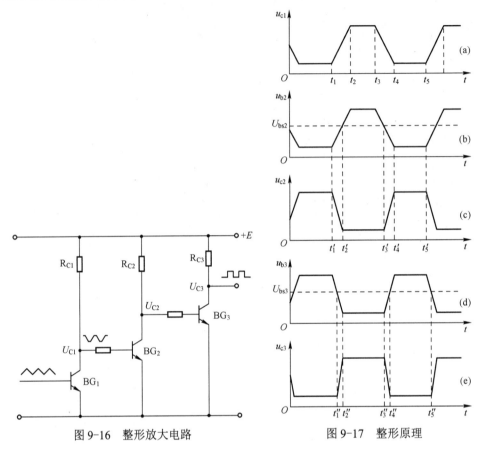

图 9-16 整形放大电路

图 9-17 整形原理

2. 利用正反馈的整形法

利用正反馈整形的电路如图 9-18 所示。从图可见，该电路把末级大功率管 BG_6 的集电极电位的变化经电容 C 和电阻 R 反馈到调制级晶体 BG_1 的基极。电路的整形过程可简

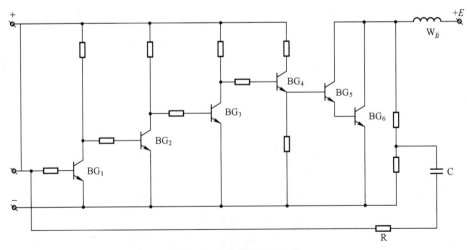

图 9-18 正反馈整形电路

述如下：若设晶体管 BG_1 的基极电位降低，使其趋于截止，BG_2 趋于饱和，BG_3 趋于截止，BG_4 趋于饱和，随之 BG_5 和 BG_6 也趋于饱和，BG_5 和 BG_6 的集电极电位降低，反馈作用迫使调制级晶体管 BG_1 的基极电位更低，晶体管 BG_1 截止更甚；反之，若晶体管 BG_1 的基极电位升高，使 BG_1 趋于饱和，则 BG_5 和 BG_6 的集电极电位升高，反馈作用迫使调制级的晶体管 BG_1 基极电位进一步升高，BG_1 更趋饱和。由上述过程可见，引入正反馈信号后，使晶体管的饱和与截止过程加快，也就是使晶体管经过放大状态的时间大大缩短，因此使各级晶体管集电极电压波形的前、后沿陡度得以提高，使波形得到了改善。

9.3.4 功率放大电路

图 9-19 所示为一种功率放大电路。通常由两只达林顿连接的大功率晶体管串联在激磁机的激磁电路中，用以控制激磁电流。

图中 W_{jj} 为激磁机的激磁线圈，D 为续流二极管。由于两只功率管采用达林顿连接，就可以省掉末级大功率管的集电极电阻，减少了功率损耗和发热。

有的晶体管电压调节器在续流管电路中串联一个数值很小的电阻 R，称为加速电阻。它可以使大功率管截止期间激磁电流的衰减过程加快，从而加快了调压的动态过程。

除了上述基本环节外，实际的晶体管调压器都有校正网络，用来提高稳定性和改善动态性能。有些调压器还根据不同情况设置有其他电路。

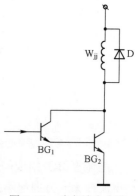

图 9-19 功率放大电路

9.4 脉冲调宽式晶体管调压器的工作原理

这里，以某型脉冲调宽式晶体管电压调节器为例进行学习，该型调压器的原理电路如图 9-20 所示。

9.4.1 检测比较电路

检测比较电路由降压变压器 B_1、三相半波整流器 $D_1 \sim D_3$、滤波电容 C_1、调整电位计 W、桥臂电阻 R_2 和 R_3、稳压管 DZ_1 及 DZ_2 组成。它敏感的是三相电压的平均值，因此该调压器为按三相电压平均值进行调节的。

9.4.2 调制变换电路

调制变换电路由电阻 R_5、集电极电阻 R_6、二极管 D_{12} 和晶体管 BG_1 组成。二极管 D_{12} 的作用是防止晶体管 BG_1 射基结被反向击穿。

9.4.3 整形放大电路

整形放大电路由 BG_2 和 BG_3 组成两级整形放大电路，它应用了提高晶体管饱和深度整形方法。稳压管 DZ_4 的作用是当晶体管 BG_2 饱和导通时，使晶体管 BG_3 可靠截止。

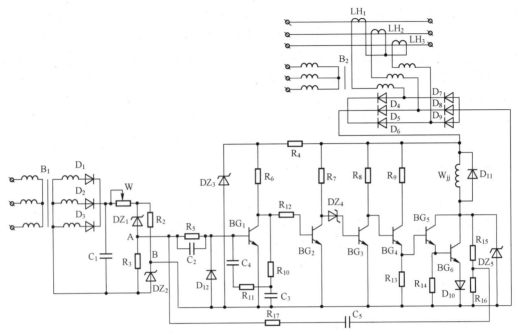

图 9-20　晶体调压器原理电路

晶体管 BG_4 组成的射极输出级一方面起电流放大作用，向功率放大级提供足够的驱动电流；另一方面起隔离作用，使后级不影响前级的正常工作。

电阻 R_{13} 是负温度系数电阻，防止温度升高时因 BG_4 的穿透电流增大而使功率晶体管误导通。

另外，由大功率晶体管 BG_6 的集电极电压经电阻 R_{15} 和 R_{16} 分压后，通过电容器 C_5 和电阻 R_{17} 反馈到调制级晶体管 BG_1 的基极，也起到正反馈整形的作用。

9.4.4　功率放大电路

达林顿连接的大功率晶体管 BG_5 和 BG_6 串联在激磁机激磁线圈电路中，用以控制激磁电流。二极管 D_{10} 用来提高 BG_6 的发射极电位，使 BG_5 截止时，BG_6 能可靠截止。电阻 R_{14} 是负温度系数电阻，起泄漏作用，防止温度升高时，因 BG_5 穿透电流增大而造成 BG_6 误导通。D_{11} 是续流二极管。

该调压器是与无刷交流发电机配合工作的，为保证发电机有强激能力，激磁机的激磁电路是由升流电源供电的。升流电源由电流互感器 $LH_1 \sim LH_3$、降压变压器 B_2 和三相桥式整流器 $D_4 \sim D_9$ 组成，其工作原理与电压相加式相复激电路是相同的。三相全波整流桥的输出电压也同时作为整个调压器的电源，稳压管 DZ_3 用来稳定调制级晶体管 BG_1 的电压。稳压管 DZ_5，用来限制加在大功率管 BG_5 和 BG_6 的集射极之间的电压，起保护作用。

此外，电路中还有由电阻 R_5 和电容 C_2 组成的微分校正电路和由电阻 R_{10}、R_{11}、电容 C_3、C_4 组成的软负反馈电路，用来提高调压器的稳定性和改善动态品质。

9.4.5　调压器工作过程

下面根据图 9-20 讨论当发电机负载发生变化时，调压器的调压过程，以加深对晶体管调压器工作原理的理解。

假设发电机负载电流减小，发电机电压升高，检测比较电路的输出电压 U_{AB} 将升高，调制级 BG_1 饱和导通时间增长，截止时间缩短；BG_2 导通时间缩短，截止时间增长；BG_3 导通时间增长，截止时间缩短；BG_4 导通时间缩短，截止时间增长；BG_5 和 BG_6 导通时间缩短，截止时间增长，功率管的导通比 σ 减小，激磁电流减小，发电机电压随之下降。此时，调压器各级晶体管输出电压波形如图 9-21（a）所示。

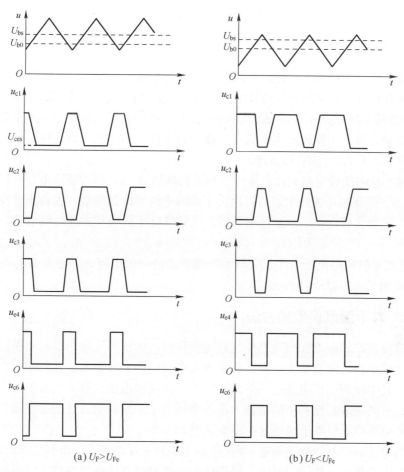

图 9-21　调压器各级晶体管输出电压波形

当发电机负载电流增大，引起发电机电压下降时，调压器将使功率管的导通比 σ 增大，激磁电流增大，使发电机电压升高。此时各级晶体管输出电压波形如图 9-21（b）所示。

综上所述，晶体管调压器的作用是当发电机电压因负载变化而变化时，通过改变调压器功率管的导通比 σ 来调节激磁机的激磁电流，以补偿发电机电压的变化。

9.5　晶体管调压器的调节误差

晶体管调压器在调节过程中，由于各种原因，并不能使发电机电压绝对保持在额定值，而只能保持在一定误差范围之内。这种调节误差主要有以下 3 个方面：一是调压系统的静态误差 ΔU_S，即电压调节系统不能完全补偿干扰量对发电机电压的影响，在调压过程结束后仍然存在的发电机电压相对额定电压的偏差，称为静态误差（一般静态误差不大于 1%）；环境温度变化引起调压器参数变化造成的温度误差 ΔU_T；调节器各元件参数随使用时间增长而发生变化所产生的使用误差 ΔU_C。以上 3 个方面的误差可得出总的调节误差：

$$\Delta U = \Delta U_S + \Delta U_T + \Delta U_C \tag{9-11}$$

9.5.1 减小静态误差的方法

减小静态误差的基本方法是提高调压器的放大系数，一般情况下可采取如下办法：

（1）提高检测比较电路的电压放大系数 K_u。为了提高放大系数 K_u 可以增大变压器变比 K_B 和桥臂电阻 R_2，另外尽量选用动态电阻 R_2 较小的稳压管，也有利于提高放大系数 K。有的调压器为了提高放大系数 K，在比较电桥之后增加一级线性放大，这也是一种提高电压放大系数 K_u 的有效方法。

（2）减小检测比较电路输出电压中三角波的幅值 ΔU_M。加大滤波电容可以减小三角波幅值 ΔU_M。但滤波电容加大以后，增大了滤波电路的时间常数，使调压器反应速度减慢，而且电容加大后，使三角波波形平缓，晶体管处于放大状态的时间增长，功率损耗增大。

（3）提高激磁电路电源电压 E 并减小激磁机激磁绕组电阻 R_{jj}。增大 E/R_{jj} 可使调压器放大系数 K 增大，以减小静态误差。

9.5.2 减小温度误差的方法

产生温度误差的根本原因是当环境温度变化时，调压器元件的参数和性能发生了变化。检测比较电路、调制变换电路、功率放大电路中各元件参数和性能的变化都会造成温度误差，其中检测比较电路造成的温度误差是调压器温度误差的主要部分。为了减小温度误差，可以采取温度补偿的措施。在各个环节中分别补偿各自的温度误差，也可以在检测比较电路中补偿整个调压器的温度误差。

补偿的方法可视具体情况而定，可采用同型稳压管反向串联或串联二极管进行补偿，也可用热敏电阻进行补偿等。总之，采用什么元件及用在什么电路中，可根据具体情况而定。

9.6 晶体管调压器的使用与维护

因为交流晶体管调压器关系到交流发电机是否能给用电设备提供稳定的工作电压，所以它是直升机上非常关键的部件，应加强对它的检查和维护。

（1）检查调压器的固定情况，插销引出导线束不应妨碍减震装置的工作。

（2）检查插头应连接牢靠，插接到位，防止松动，防止磨破。

（3）检查安装支架是否有裂纹，是否固定牢靠，以免调压器受直升机振动的影响造成调压不稳定。

（4）防止水分、灰尘、脏物、金属屑、保险丝、滑油等物质进入调压器，以免引起短路。

（5）检查固定保险是否良好，保证调压器可靠接触。

（6）使用过程中应注意电压的调节范围，误差较大时应送内场进行校验和调整。

（7）未经批准不允许分解调压器。

第 10 章　交流电源的控制与保护

交流电源的控制与保护与直流电源相比，有许多共同之处。在控制方式上，都是通过自动控制装置，控制发电机与电网的通断、转换；保护装置都是通过检测故障信号，驱动控制装置，将故障部分与电网分离开。对保护装置的基本要求也大体相同，即任何局部故障不应引起整个供电系统的瘫痪，只能将故障部分迅速与电网分离，尽量不中断对重要用电设备的供电，保护装置不应发生误动作或拒动作等。

由于交流电自身的特点和性质，交流电源的控制与保护相对更复杂。控制装置一般包括发电机接触器（generator contact，GC）、发电机激磁控制继电器（generator control relay，GCR）、汇流条连接断路器（bus tin breaker，BTB）等部件。保护指标也比较多，如过电压、低电压、馈电线和发电机内部短路、汇流条短路、过频、低频、相序、过载、过激磁、欠激磁保护等。

目前使用的交流电源控制与保护装置，主要有继电器型和晶体管型两种，有的直升机将调压器与控制保护器组装在一起，构成复合式的调压控制保护器，但基本原理与晶体管型相同，因此本章重点研究晶体管式控制与保护装置。

10.1　单台交流发电机的控制

单台交流发电机的控制主要有两个方面：一是发电机的激磁控制，通过发电机激磁控制继电器实现；二是发电机主回路的控制，通过发电机接触器实现。为使交流发电机投入电网，应先将发电机控制开关扳到接通位置，使控制装置内的发电机激磁继电器接通，以使发电机建压，当满足系统条件时，发电机主接触器接通，使发电系统投入电网。如欲使发电系统退出电网，可手动扳动发电机开关，则 GCR、GC 均断开。

10.1.1　发电机激磁控制

发电机激磁控制的目的有两个：一是发电机正常工作时，为其建压和提供激磁电流；二是发电机出现短路或过电压等故障时，及时熄灭发电机磁场。前者是发电机正常工作的必要条件，后者不仅可以保护发电机本身的安全，而且还可以防止故障的进一步扩大，此外特殊情况下根据需要停止发电机供电时，也要对发电机进行灭磁。

下面介绍一个典型的发电机激磁控制电路。

1．控制原理图

图 10-1 所示为采用接通和断开串联在激磁回路中的继电器触点的方法来控制激磁磁场的原理电路。

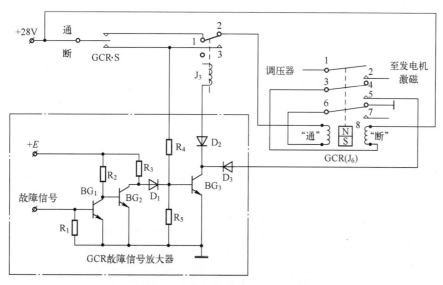

图 10-1 发电机激磁控制原理图

从图中可见,发电机激磁控制电路由发电机激磁控制继电器(J_6)、发电机激磁控制继电器开关 GCR·S、GCR 辅助继电器 J_3 和 GCR 故障信号放大器等组成,由机上 28V 直流电源和稳压直流电源 E 供电。

2. 工作原理

1)发电机的起激

正常情况下,将 GCR·S 置于接通位置,28V 直流电经辅助继电器 J_3 的常闭触点 1—2、GCR 的常闭触点 6—7 对 GCR 的"通"线圈供电,GCR 动作,GCR 的常开触点 1—2 闭合,使发电机激磁电路接通而起激建压。GCR 一经动作,常闭触点 6—7 断开,"通"线圈断电,此时衔铁靠永久磁铁磁闭锁。显然,GCR 的动作使常开触点 3—5 接通,为"断"线圈工作准备了条件,但由于 GCR 故障信号放大器没有故障信号输入,晶体管 BG_3 不导通,因此"断"线圈不会工作。

2)发电机的灭磁

正常情况下,如果要发电机停止供电,只需将 GCR·S 置于断开位置,这时 28V 直流电经由电阻 R_4 使晶体管 BG_3 导通,GCR "断"线圈通电,GCR 的触点 1—2 断开,切断发电机激磁电路,使发电机灭磁。

出现故障的情况下,有故障信号输入 GCR 故障信号放大器,使 BG_1 导通,BG_2 由于基极电位降低而截止,其集电极的高电平输出加给 BG_3 的基极,BG_3 导通,使 GCR "断"线圈通电而将发电机磁场熄灭。

GCR 断开后,恢复到接通前的状态。

3)防止振荡

该电路中辅助继电器 J_3 的主要作用是防止在有故障信号的情况下,将 GCR·S 置于接通位置,造成 GCR 产生周期性的振荡现象。

在有故障信号时,GCR 故障信号放大器中的 BG_3 是处于导通状态的。当 GCR·S 接通时,"通"线圈工作,GCR 闭合,将互锁触点 3—5 接通。由于此时 BG_3 处于导通状态,故"断"线圈工作，GCR 跳开，又将触点 6—7 接通，"通"线圈工作，使 GCR 闭合，这样周而复始，便引起了 GCR 的振荡。当设置了继电器 J_3 时，借助 J_3 的常开触点 1—3，保证只要有故障信号时，GCR 的"通"线圈就处于断电状态，即使在有故障信号时将 GCR·S 置于接通位置，也不能使 GCR"通"线圈工作，从而防止了上述振荡现象的发生。

只有在故障信号消失，BG_3 截止和先将 GCR·S 断开然后再接通时，发电机重新起激才有可能。

10.1.2 发电机主回路控制

发电机主回路的通、断是由发电机接触器 GC 来控制，为了保证电源系统安全、可靠和持续供电，一般情况下，发电机接触器的接通即发电机向电网供电，应同时满足以下 4 个条件：发电机控制开关（GC·S）已置于接通位置；外部电源已被切断；发电机转速已达到正常转速范围；发电机激磁继电器 GCR 已工作，发电机已建立电压，并达到规定值。

发电机主接触器断开可人工手动断开发电机控制开关，或者是具有优先级的外部电源接通，或者是因为系统有故障必须断开主接触器，而将 GCR 断开，从而发电机主接触器断开，发电机停止向机上电网供电。

图 10-2 所示为 GC 通断控制的逻辑关系。

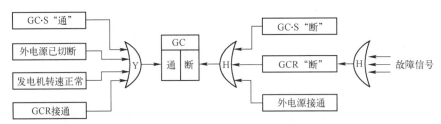

图 10-2 发电机接触器控制的逻辑方块图

根据这种逻辑通断关系，下面分析一例发电机主回路控制电路。

1. 线路图

图 10-3 所示为单台交流发电机系统的主回路控制原理电路，它由发电机接触器 GC、发电机接触器开关 GC·S、发电机接触器辅助断开继电器 J_2 和欠速保护电路等组成。它由机上直流电源和稳压电源 E 供电。

发电机主回路的通、断由发电机接触器 GC 来控制。该接触器的接通和断开分别由接通线圈和断开线圈来控制，并且由机械闭锁装置锁定在相应的工作状态。当"通"线圈通电时，接触器触点闭合，同时活动铁芯将互锁触点转换，为"断"线圈通电作好准备；要断开时，只需使"断"线圈通电，触点断开，同时活动铁芯又将互锁触点转换，为"通"线圈通电作好准备。这种接触器由于具有机械闭锁装置，所以无论是"通"线圈还是"断"线圈工作，都只要短时通电即可，这样既减小了长期工作时对电能的消耗，其体积重量也可减小。

由于发电机接触器 GC 的控制功率较大，直接由欠速保护电路或发电机激磁控制电路来驱动发电机接触器 GC "断"线圈工作是不行的，故由辅助断开继电器 J_2 作为功率放大环节，通过 J_2 来感受欠速保护电路和发电机激磁控制回路的信号，再由 J_2 控制 GC 的 "断"线圈通电。

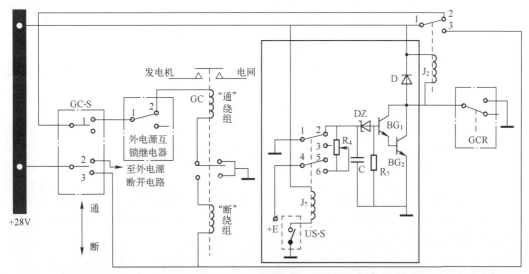

图 10-3　发电机主回路控制原理电路图

2．工作原理

1）发电机入网

将发电机接触器开关 GC·S 置于接通位置时，GC·S 的活动触点分别与固定触点 1、2 接通，机上电源 28V 直流电压一路经触点 2 送出一个信号，切断外电源接触器供电回路；另一路经 J_2 的常闭触点 1—2、GC·S 的触点 1、外电源互锁继电器的常闭触点 1—2（它在接上外电源时断开）加于 GC 的 "通"线圈上，使 GC 接通，发电机投入电网。

2）发电机退出电网

发电机接触器的断开有两种情况：一种是发电机正常退出电网，这时只要将 GC·S 置于 "断"位置，28V 直流电压通过 GC·S 的触点 3 加到 GC 的 "断"线圈上，使 GC 断开，发电机便退出电网；另一种情况是出现故障时，发电机必须退出电网，由图 10-3 可见，若辅助断开继电器 J_2 动作，则 28V 直流电压可通过 J_2 的触点 1—3 而加到 GC 的 "断"线圈上，使 GC 断开，发电机退出电网。

辅助断开继电器 J_2 的动作有两种可能情况：一种是发电机激磁控制继电器 GCR 因有故障信号输入而断开，这时 GCR 的常闭触点闭合，J_2 线圈靠 GCR 的常闭触点构成通路，而使 J_2 动作。因此，只要发电机激磁控制继电器一跳开，发电机接触器也就自动跳开。另一种情况是转速低于正常转速，即欠速信号时，这时 GCR 虽接通，但由于发电机转速低于正常转速，不允许在该状态下将发电机投入电网运行，即不允许发电机接触器接通。发电机转速正常与否由欠速保护电路来监控。当发电机欠速时，达林顿连接的晶体管 BG_1 和 BG_2 导通，给 J_2 线圈提供通路，而使 J_2 动作。

欠速保护电路的监控作用是：当发电机欠速时，欠速开关 US·S 接通，使继电器 J_7 通电工作，将常闭触点 1—2 断开，常开触点 4—6 闭合，电源电压 E 经触点 4—6、可变

电阻 R_4 对电容器 C 充电，经一定时间的延迟后，电容 C 的电压达到稳压管 DZ 的击穿电压值时，将 DZ 击穿，由电阻 R_2 给晶体管 BG_1 加上正向偏置，而使达林顿连接的 BG_1 和 BG_2 导通。对电容器 C 的充电过程实际上是个固定延时，延时时间决定于充电回路的时间常数 R_4C，延时的目的是防止在发电机起动或瞬变过程中引起 J_2 的误动作。当转速一恢复正常，由 J_7 的常闭触点 1—2 将电容 C 上积累的电荷释放掉。

辅助断开继电器 J_2 除了起功率放大作用外，还可起防止发电机接触器 GC 振荡的作用。当 J_2 因故障或欠速而动作，使 GC 断开后，虽然 GC·S 置于接通位置，且"断"线圈工作时已为"通"线圈工作准备了条件，但只要故障不消失，J_2 未释放，则 GC 不会接通。

10.2 多台交流发电机的控制

多台发电机的交流电源系统，一般有两类供电方式：一类是发电机部分或全部并联供电；另一类是各台发电机在正常情况下单独运行，在故障情况下自动地将故障发电机的负载转接到正常运行的发电机上。

10.2.1 交流发电机并联运行的条件

交流电源要符合一定的条件才能投入并联运行，以保证在并联后能够正常运行及在投入并联瞬间所产生的冲击电流及冲击功率不超过允许范围。这些条件包括：电压的波形相同、三相电压相序相同、电压的频率相等、端电压大小相等和投入并联瞬间电压的相位相同这 5 个方面的要求。现根据交流供电系统的实际情况对并联条件进行分析讨论。

1. 电压波形相同

交流电源并联要求并联电源的电压波形相同，均为正弦波，否则在并联电源间将有高频电流通过。故交流电源不论其组成形式是否并联，电压波形都必须与理想的正弦波接近。一般规定畸变系数小于 0.05，波峰系数在 1.41±0.10 范围内。

目前，直升机上多采用同型号的同步发电机并联，它们的电压波形大体上是相同的。又由于设计和制造的保证，交流发电机的输出电压均为正弦波，且畸变系数小于 0.05，波峰系数在 1.41±0.10 范围内，故一般来说都能满足并联运行的要求。

2. 三相电压的相序相同

交流发电机三相电压的相序取决于发电机的旋转方向。在现代直升机上发动机的旋转方向是不变的，在一定的传动和安装条件下，发电机的旋转方向和相序也是不变的。因此，只要在敷设直升机电网和连接线路时注意相序的对应关系，就可以保证这一条件的实现。

3. 电压的频率相等

直升机交流电源的额定频率为 400Hz，但要保证各台发电机的频率完全相等是不可能的。

4. 端电压大小相等

在直升机电源系统中都带有电压调节器，发电机电压相差是不大的，所以在投入并联时，冲击电流不会太大，一般不予考虑。但由于直升机调压器的静差较小（在1%以内），所以即使在压差很小的情况下，并联后无功电流的分配也仍然有较大的差异。因此，要保证直升机发电机正常的并联运行，必须要有适当的措施以自动均衡无功负载。

5. 投入并联瞬间电压的相位相同

投入并联瞬间各相之间的相位差取决于并联合闸时刻的选择，所以要保证合闸时相位差为零是不可能的。

综合上述5个条件的讨论可见，电压的波形相同及三相电压相序相同，对直升机电源系统来说是易于保证的，至于后3个条件，并联时要保证电压的频率、大小和相位完全相等是不可能的。并联运行的实践表明，只要压差、频差和相位差在一定范围内，也可以实现并联。通常把发电机在一定压差、频差和相位差情况下，投入并联运行并能正常工作的过程称为"牵入同步"，也称"整步"。

把要并联的发电机引入同步，接着进入并联的控制可以是手动或自动的。同步过程大约需要2s。用全自动控制方式，在同步过程之后发电机立即进入并联过程。用手动控制方式直到要求并联为止，被并联的发电机一直保持在"准备"状态。无论手动或自动控制，把要并联的发电机接到汇流条上的最后动作都由自动并联电路完成。

10.2.2 交流发电机投入并联的自动控制

根据上述分析可知，要非常精确地使电压、频率及相位完全相等是不可能的，一般要求压差ΔU不超过额定电压的5%～10%，频差Δf不超过额定频率的0.5%～1.0%，相位差不超过90°，即可投入并联。

图10-4所示为一种典型的自动并联控制装置原理电路图。从图可见该装置由以下五部分电路组成：自动并联检测电路、电网电压检测电路、"或"门鉴压电路、晶闸管触发电路和控制执行电路。

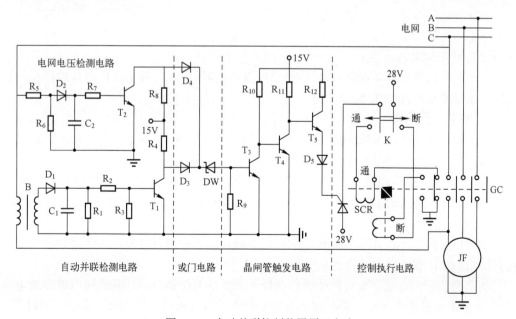

图 10-4 自动并联控制装置原理电路

1. 自动并联检测电路

自动并联检测电路通过变压器 B 敏感发电机与电网之间的差值电压，经二极管 D_1 半波整流、电容器 C_1 滤波后加于晶体管 T_1 的基极。当所敏感的差值电压较大，不能满足并联条件时，在电容器 C_1 两端输出的整流电压较大，使 T_1 饱和导通，T_1 集电极输出低电位；反之，当所敏感的差值电压满足并联条件时，即压差、频差、相位差均在允许范围内时，C_1 两端整流电压降低，使得 T_1 集电极电位上升，若其上升到足以击穿稳压管 DW 时，就会发出并联合闸信号，将发电机自动投入并联。如果将对应于 DW 击穿时的电容电压称为合闸电压 U_{CZ}，则当 $U_C > U_{CZ}$ 时，线路不能发出合闸信号；当 $U_C \leq U_{CZ}$ 时，线路发出合闸信号。

2. 电网电压检测电路

电网无电压就不存在并联问题，应立即将发电机接入电网。电网电压检测电路就是用于检测电网上有无电压。

当电网上无电压时，在晶体管 T_2 的输入端无信号输入，T_2 截止，T_2 的集电极输出高电位，经二极管 D_4 使 DW 击穿而发出合闸信号，将发电机接入电网。

当电网上有电压时，则 C 相电压经二极管 D_2 整流和 C_2 滤波加在 T_2 的基极上，使得 T_2 饱和导通，T_2 集电极输出低电位，不能使 DW 击穿。这种情况下，此电路不会发出合闸信号，需由自动并联检测电路通过 D_3 输出合闸信号才能使发电机投入并联。

3. "或"门鉴压电路

"或"门鉴压电路由二极管 D_3、D_4 和稳压管 DW 组成，只要 D_3、D_4 任一路导通就可使 DW 击穿，发出合闸信号。

采用"或"门鉴压电路是为了综合两方面的信号，电网无电压或符合并联条件都可以将发电机接触器接通，使发电机接入电网。

4. 晶闸管触发电路

晶闸管触发电路是一个由三极管 T_3、T_4、T_5 组成的三级开关放大器，当"或"门鉴压电路无合闸信号输出时，T_3 截止，T_4 饱和导通，T_5 截止，因而 T_5 发射极无触发脉冲输出，晶闸管 SCR 不导通。

当"或"门鉴压电路有合闸信号输出时，T_3 饱和导通，T_4 截止，T_5 导通而在发射极有触发信号输出，使 SCR 触发导通。

5. 控制执行电路

该电路是由一个晶闸管 SCR 和一个发电机接触器组成。GC 是一个机械闭锁式三相交流接触器，而 GC 的接通是由 SCR 所控制。

当手动电门 K 接通时，在 SCR 控制极有触发信号的情况下，SCR 将触发导通，28V 直流电就可通过 SCR 和电门 K 向 GC 的接通线圈供电，使 GC 接通而将发电机接入电网。

发电机接触器 GC 主触点接通的同时，其辅助触点也进行转换，使接通线圈断电，接触器由机械闭锁装置保持接通状态。

从上面的分析可见，发电机能否自动投入并联，关键是自动并联检测电路中的电容器 C_1 上的电压能否在压差、频差和相位差都符合并联要求时下降到合闸电压 U_{CZ} 以下，以发出合闸信号，也就是说 C_1 上电压 U_C 应能反映出并联压差、频差和相位差的大小。

10.3 过电压及其保护

电源系统出现过电压有两种情况：一种是在发电机负载切除或短路故障排除后，由于电压调节的滞后作用产生的瞬时过电压，这种瞬时性过电压，保护装置不应动作，否则即是误动作；另一种是由于电压调节器或发电机激磁系统的故障引起的过电压，属于故障状态，保护装置应该按反延时特性进行动作，否则即是拒动作。在军标GJB181A中规定了过压数值与时间的关系。

通常用电设备允许的电压变化范围是额定电压的±10%，故过电压保护的低限是由用电设备允许的最高持续电压来确定的。如果发电机调节点的额定相电压为115V，则过电压保护的低限值为115×110%=126.5V。必须指出，此低限值是对长期工作而言的。一般用电设备允许承受的过电压，一方面决定了过电压的大小，另一方面也取决于承受过电压的持续时间。过电压值越高，允许过电压的持续时间就越短。所以，根据用电设备在正常瞬变过程中电源系统所能产生的过电压，并考虑了系统的生命力而留有一定余量的情况下可确定出过电压保护的下限曲线，如图10-5中的曲线 a 所示。过电压保护装置在此曲线以下的电压值不允许动作，否则就是误动作。

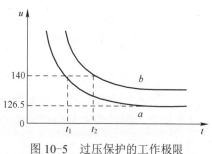

图 10-5 过压保护的工作极限

另外，根据每一过电压值得到对应的用电设备损坏的最短时间画出曲线，如图10-5中的曲线 b，这就是过电压保护的上限曲线。过电压保护装置必须在用电设备损坏之前动作，也就是必须在曲线 b 以下的电压范围动作，否则就是拒动作，起不到保护作用。

从上述分析及曲线所示，可知过电压保护装置必须具有反延时特性，并且其时间特性应处于图10-5所示工作极限的上、下限曲线之间。例如，当系统出现140V过电压时，保护装置的动作时间最长不应超过 t_2，最短不应小于 t_1，而应介于 $t_1 \sim t_2$ 之间。

过电压保护装置的具体线路是多种多样的，下面根据一个典型的过压保护装置来说明保护工作原理。

10.3.1 过电压保护电路

由于过电压产生是激磁故障引起的，因此在故障时端电压基本是对称的。所以，过电压保护电路一般是敏感发电机的三相电压平均值，用三相半波整流电路取出电压信号，其线路如图10-6所示。

10.3.2 过电压保护线路的工作原理

图10-6所示线路主要由电压敏感电路和反延时电路两部分组成。A、B、C 接至发电机电压调节点。

在正常情况下，三相整流电压经电位计 W 分压及电容器 C_1 滤波后，加至稳压管 DZ_1 的电压低于其击穿电压，线路无故障信号输出。

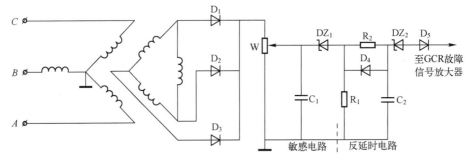

图 10-6 过电压保护原理电路

发生过电压时，电位计输出电压将大于 DZ_1 的击穿电压，将其击穿，给反延时电路输入一个信号电流，此电流经电阻 R_2 给电容器 C_2 充电。当 C_2 两端的电压达到稳压管 DZ_2 的击穿电压时，将其击穿，输出一个故障信号至 GCR 故障信号放大器，使 GCR 断开，从而断开发电机的激磁回路，同时 GC 也断开，使发电机退出电网。

过电压越高，对电容器 C_2 的充电电流越大，C_2 的电压达到击穿稳压管 DZ_2 的时间越短，因此线路具有反延时特性。

对于瞬时过电压，由于时间很短，C_2 上的电压还不足以达到 DZ_2 的击穿电压，过电压便已消失，因此没有故障信号输出。此后，电容 C_2 中积累的电荷经二极管 D_4 和电阻 R_1 释放。

10.4 低电压及其保护

与过电压保护一样，低电压保护的指标也可参照军标 GJB181A，规范中规定了低电压数值与时间的关系。电源系统出现低电压有两种情况：一种是突然加重负载时，造成瞬时电压下降；另一种是由于激磁系统的故障（如激磁回路断路等）引起的低电压，对于故障状态引起的低电压，保护装置应加以保护。

低电压的危害虽然不像过电压那么严重，但持续低电压也会使用电设备的工作受到影响，使用电设备失灵甚至损坏，如三相电动机在低电压时起动困难，严重时会烧坏。

与过电压保护相似，低电压保护也须经一定的时间延时，以避免产生误动作。

10.4.1 低电压保护电路

图 10-7 所示线路是一种低电压保护装置原理电路，它由电压敏感电路、"非"门电路及固定延时电路三部分组成。

由图可见，敏感电路也是敏感的三相电压平均值。晶体管 BG_1 组成"非"门电路，当 BG_1 的基极输入低电位时，则其集电极输出高电位；当 BG_1 基极输入高电位时，则其集电极输出低电位。固定延时电路由一个射极耦合双稳态触发器（施密特触发器）和电容器 C_2 组成。触发器的 BG_2 截止，BG_3 饱和导通，将 C_2 短接，电源 E 不能对 C_2 充电。当触发器翻转后，BG_2 导通，BG_3 截止，电源 E 可以经电阻 R_8 对 C_2 充电，电容器 C_2 上的电压将按指数规律上升。固定延时电路的延时时间，主要取决于电阻 R_8、电容器 C_2 的数值和稳压管的击穿电压。

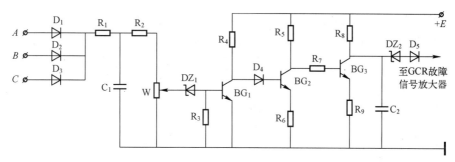

图 10-7　低电压保护装置原理电路

10.4.2　低电压保护线路的工作原理

发电机电压正常时，整流电压经分压后，在电位计 W 活动触点取出的电压高于稳压管 DZ_1 的击穿电压，DZ_1 被击穿，BG_1 的基极输入高电位，其集电极输出低电位，并加于 BG_2 的基极上。此时，触发器不翻转，保持这种稳定状态。BG_3 将电容 C_2 短接，线路无故障信号输出。

发电机发生低电压故障时，电位计 W 上取出的电压不足以击穿 DZ_1，BG_1 截止，在其集电极输出高电位。此高电位加于 BG_2 的基极，使触发器翻转，BG_2 导通，触发器转换到另一稳定状态。这时，BG_3 解除了对 C_2 的钳位，电源 E 经电阻 R_8 向 C_2 充电，经过一定的延时，电容器 C_2 上的电压达到 DZ_2 的击穿电压值，将 DZ_2 击穿而输出故障信号，经放大后，该信号控制 GCR 和 GC 断开。

当发电机出现正常的瞬时低电压时，也能使触发器翻转。但由于固定延时电路作用，C_2 上的电压不会立即达到击穿 DZ_2 的数值，所以不会输出故障信号，瞬时低电压一旦消失，触发器立即翻转到正常时的稳定状态，BG_3 将 C_2 短接，C_2 经 BG_3 和 R_9 迅速放电，所以，C_2 上不会积累电荷，因而也不会因瞬时低电压的出现而误动作。

10.5　频率及其保护

当发电机的传动装置发生故障时，发电机可能出现超速和欠速现象，即出现过频和欠频故障。频率故障除能影响自动控制设备的正常工作外，还会影响某些电磁设备的正常工作。如过频故障会引起旋转用电器的过速，而长时间的过速会造成机械损伤；如欠频故障会引起电磁器件的磁负荷增大，致使它们过载，甚至过热烧毁。因此，当发生过频和欠频故障时，必须有保护装置，将发电机从电网上切除。在 GJB181A 规范中也规定了频率偏移的容许极限。

过频保护和欠频保护的基本原理是一样的。不同点仅在于前者的敏感电路感受的是过频信号，后者的敏感电路感受的是欠频信号。本节仅举欠频保护线路一例，来讨论其共性原理。

10.5.1　欠频保护电路

图 10-8 所示为一种欠频保护线路的原理图。它能在电源频率低于 360Hz 时经一定

延时，或电源频率低于320Hz时，几乎不经延时而动作，使发电机接触器断开。线路由欠频敏感电路、两个延时电路和"或"门电路组成。

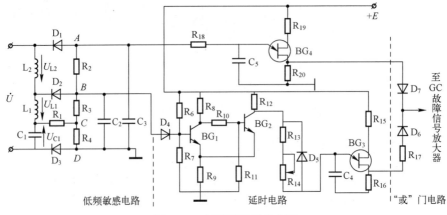

图10-8 低频保护原理电路

欠频敏感电路主要由电感器和电容器串联的电压谐振回路构成。电感器 L_1 与电容器 C_1 串联回路的谐振频率为360Hz，而电感器 L_1、L_2 与电容器 C_1 串联回路的谐振频率为320Hz。

一个延时电路是单结晶体管 BG_4 构成的触发电路，由于该电路中电容器 C_5 充电回路的时间常数很小，故延时时间很短，为短延时电路；另一个延时电路是由晶体管 BG_1 和 BG_2 组成的施密特电路，正常时的稳态是 BG_1 截止、BG_2 饱和导通，对电容器 C_4 进行电压钳位。由于 C_4 充电回路的时间常数较大，故延时较长，为长延时电路。

"或"门电路由二极管 D_6 和 D_7 组成，两个通道中只要一个有信号输出就能触发 GC 控制电路，使发电机接触器断开。

10.5.2 欠频保护线路的工作原理

在感、容串联电路中，电感上的电压与电容上的电压是反相位的。当回路谐振时，电感上的电压和电容上的电压方向相反，而大小相等。若电源频率高于谐振频率时，电路呈现感性，电感上的电压大于电容上的电压，即 $U_L>U_C$。若电源频率低于谐振频率时，电路呈现容性，电容上的电压大于电感上的电压，即 $U_C>U_L$。

图10-9所示为谐振回路的电压频率特性。下面参照该图说明低频保护线路的工作原理。由图可见，当电源电压的频率正常时，即 $f>360$Hz 时，$U_{L1}>U_{C1}$。结合图10-8的敏感电路可见，当 U_{L1} 与 U_{C1} 分别经二极管 D_2、D_3 半波整流后，B 点的电位 ϕ_B 将低于 D 点的电位 ϕ_D，而 ϕ_D 为电路地，可视为 $\phi_D=0$，即 $\phi_B<\phi_D=0$，因此 B 相对地为负电位，电路中的 B 点无信号输出，长延时电路不会工作。结合图10-9可见，$U_{L1}+U_{L2}>U_{C1}$，因此，有 $\phi_A<\phi_B<\phi_D=0$，A 点电位比地电位负得多，A 点也无信号输出，短延时电路也不会工作。由此可见，"或"门电路的两个通道均无信号输出，不能触发晶闸管而将 GC 断开。

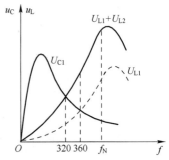

图10-9 电压频率特性

当 $f=360Hz$ 时，$U_{L1}=U_{C1}$，$\phi_B=\Phi_D=0$，而 $\phi_A<0$，可见 A 点、B 点都无信号输出，故低频保护线路仍不会动作。

当电源电压的频率 f 低于 360Hz 而高于 320Hz，即 $320Hz<f<360Hz$ 时，则 $U_{C1}>U_{L1}$，但 $U_{C1}<U_{L1}+U_{L2}$，所以经半波整流后，$\phi_B>\phi_D$，但 $\phi_A<\phi_D$，因此 B 点有信号输出，而 A 点仍没有信号输出。

B 点的正电位经电阻 R_5、二极管 D_4 加于施密特触发器的 BG_1 基极，使触发器电路翻转为另一个稳定状态，BG_1 导通，BG_2 截止，解除了对 C_4 的钳位。电源电压 E 经电阻 R_{12}、R_{13}、R_{14} 对 C_4 充电，C_4 上的电压按指数规律上升。当电容 C_4 上的电压 U_{C4} 上升到大于单结晶体管 BG_3 的峰点电压时，BG_3 导通而输出脉冲信号，该脉冲信号触发下一级的晶闸管导通，而将发电机接触器 GC 断开。

二极管 D_5 的作用是加速 C_4 的放电。在电源电压的频率是由于过渡过程引起的瞬时低频时，在电容 C_4 上将积存电荷，如不及时释放，保护装置易产生误动作。在频率正常时，由于 D_5 短接 R_{13} 和 R_{14}，C_4 可通过 D_5、BG_2 和 R_9 加速释放所积存的电荷。

当 $f=320Hz$ 时，则 $U_{C1}=U_{L1}+U_{L2}$，ϕ_B 正电位，而 $\phi_A=\phi_D$，A 点仍无信号输出，只有 B 点有信号输出，还是长延时电路工作，而短延时电路不工作，电路工作情况同上述过程相同。若电源电压频率低于 320Hz 时，则有 $U_{C1}>U_{L1}+U_{L2}$，此时 $\phi_A>\phi_D$，当 C_5 上的电压大于 BG_4 的峰点电压时，BG_4 导通而输出脉冲信号，将下级晶闸管触发导通，使 GC 断开。电源电压频率越低，A 点电位越高，延时越短。与此同时，B 点也有正电位输出，但该通道延时较长，不等它输出脉冲，短延时电路已先行输出信号，将发电机接触器 GC 断开了。

10.6 发电机内部短路及差动保护

10.6.1 发电机内部短路故障的产生及保护指标

电源系统中发电机本身是否正常运行对系统起着决定性的影响。发电机本身发生故障后，如果继续运行，不仅会破坏系统的稳定性，扩大故障范围，甚至可能使发电机及整个系统遭到严重破坏，危及直升机的安全。

发电机内部最严重的故障是发电机定子绕组发生相与地、相与相之间的短路。短路故障通常是由于振动、磨损及战斗损伤引起的。发生短路故障后，将产生很大的短路电流，短路电流及其产生的电弧不但会破坏绝缘，而且会烧毁线圈和铁芯，严重时甚至可能引起火灾。因此，对于发电机内部短路故障保护的要求是故障一经发生，应迅速地切断发电机激磁电路（GCR 动作）和发电机与外部电路的联系（GC 动作）。发电机实际运行的经验表明，故障发电机应在短路后 0.02~0.06s 内就从电网上切除。

发电机内部短路保护的范围应尽量扩大，除发电机绕组外，还应包括由发电机出口接线端到包括发电机接触器之间的主电路。在这个范围内发生短路故障，短路保护装置应该动作，否则就是拒动。在发电机内部没有短路故障或在保护范围以外出现短路时，保护装置不应该动作，否则就是误动作。

到目前为止，差动电流保护器一直是对发电机内部和馈电线短路进行保护的较好方法。差动电流保护器由两个相同的电流互感器组成，一个电流互感器置于主电源接触器之前，另一个置于发电机负端，两个互感器按相同的极性首尾串联，组成差动环，两个互感器之间的区域就是差动电流保护区。当差动保护区内出现短路故障的瞬间，由于短路电流突然升高，使互感器原边电流出现较大的电流变化率 di/dt，当电流变化率达到规定数值时，差动保护器输出故障信号到发电机综合控制器，使主电源接触器断开，发电机脱离直升机电网，同时切除发电机的激磁。

10.6.2 典型差动保护线路及其工作原理

发电机内部短路故障是采用瞬时动作的纵向差动保护装置来保护的。典型的差动保护原理电路如图10-10所示。

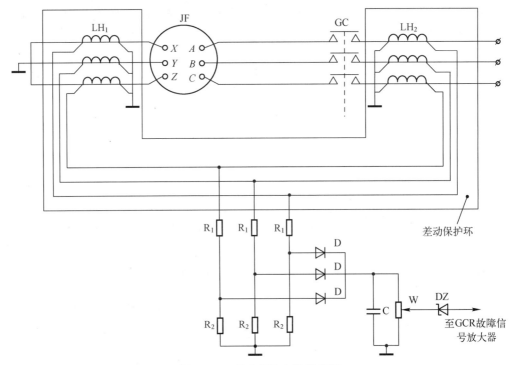

图 10-10 差动保护电路原理图

该线路敏感电路由 6 个相同的电流互感器、3 个相同的电阻 R_1、3 个相同的电阻 R_2 及 3 个相同的二极管 D 组成。6 个电流互感器分成两组，每组 3 个，置于短路保护区的两端，敏感保护区两端的电流差构成差动保护环。一组电流互感器 LH_1 置于发电机中线侧，另一组电流互感器 LH_2 置于发电机接触器之后。在这两组电流互感器之间的范围称为短路保护区。在保护区内出现短路故障时，差动保护线路应立即输出信号至 GCR 故障信号放大器，切断 GCR，同时断开 GC。

为便于分析电路工作原理，取出一相电路，如图10-11所示。图中的 LH_1 和 LH_2 应按如下所述的方法连接，即它们的副边应顺向串联，图中已标出该接法。

在正常情况下，LH_1 和 LH_2 原边流过的电流相等，都是发电机输出的负载电流，

$I_{11}=I_{12}$。如设两个电流互感器有相同的变比，则两个电流互感器的副边电流也应相等，即 $I_{21}=I_{22}$。这种情况下由 R_1 和 R_2 组成的分压器中没有电流流过，即差动电流 $\Delta I=0$，因此线路没有信号输出。

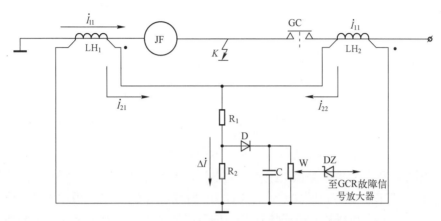

图 10-11 差动保护的单相电路

若在差动保护区内任一点，如图中所示的 K 点处产生对地短路，则发电机输出端电流几乎全部直接由短路点 K 流至接地点而不经过 LH_2 的原边，此时有 $I_{21}>I_{22}$，即差动电流 $\Delta I\neq 0$，在分压器上将输出一个正比于 ΔI 的信号，经二极管 D 整流，电容器 C 滤波后加于电位计 W 上，当这个信号足够大时，将会击穿稳压管 DZ，输出故障信号，使 GCR 动作，同时也使 GC 动作。

10.7 过载及其保护

10.7.1 对过载保护的要求

当发电机的容量不能适应机上用电设备的容量或出现某些故障（如发电机内部短路等）未能及时消除时，都会引起发电机过载，特别是后者所引起的过载更为严重。因此，直升机上还采用过载保护装置来限制不允许的过载。

通常用限制发电机激磁电流的方法来限制过载，所以过载保护也称为激磁高限保护。激磁高限保护是敏感发电机激磁绕组两端的电压或激磁机激磁绕组两端的电压。因此，激磁高限保护还能起到过电压和过激磁保护的后备作用。在发生过电压或过激磁故障，又由于某种原因过电压或过激磁保护装置没有动作时，则激磁高限保护可以起到保护作用。激磁高限保护装置应在发电机正常的转速和电压下，敏感电路敏感到相应于 154%～195%额定电流的过载范围内的激磁绕组端电压时，经固定延时后，激磁高限保护装置应该动作。

10.7.2 过载保护线路及其工作原理

图 10-12 所示为过载保护线路原理图。它由敏感电路和放大、固定延时电路两部分

组成。图中 U_j 为发电机激磁绕组两端的电压。

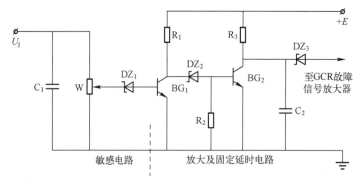

图 10-12 过载保护线路原理图

在正常情况下，发电机激磁绕组两端的电压 U_j 经电容 C_1 滤波、电位计 W 分压后，不足以使稳压管 DZ_1 击穿，因此晶体管 BG_1 是截止的，BG_1 的集电极输出高电位，使稳压管 DZ_2 击穿。DZ_2 击穿后，给晶体管 BG_2 的基极加上正向偏置，使 BG_2 饱和导通，将电容 C_2 钳位至地电位，线路无信号输出。

当发电机过电流时，经调压器的调节作用使激磁电流超过正常值，激磁绕组两端电压也将升高，升高到一定值时，在 W 上取出的电压信号将 DZ_1 击穿，此时 BG_1 由截止变为导通，其集电极输出低电位，不能将 DZ_2 击穿，晶体管 BG_2 由于基极电位的降低将由饱和导通变为截止状态，在其集电极输出高电位，解除对 C_2 的钳位，这时电源电压 E 将经电阻 R_3 给 C_2 充电，电容器 C_2 上的电压按指数规律上升，上升至一定值时，将稳压管 DZ_3 击穿，而输出故障信号，使 GCR 动作，同时断开 GC。对于瞬时冲击电流，由于激磁绕组的特性，实际上 U_j 并不能反应，即使有所反应，由于有固定延时，也不会引起保护线路误动作。

10.8 电压不平衡及其保护

10.8.1 电压不平衡的产生及危害

在交流电源系统中，正常情况下，由于发电机制造工艺上的保证，电网正确地敷设以及用电设备的合理配置，发电机的三相电势和三相负载基本上都是平衡的（对称的）。但实际的发电机在运行过程中，很难保证三相负载的大小及功率因数经常保持相等，这将引起电压的不平衡；在某些非正常运行情况下，如单相出现断路或接触不良和不对称短路时，会出现三相电压的严重不平衡现象。

三相电压严重不平衡会引起许多不良后果：

（1）三相电压严重不平衡，必然会使有的相电压过高，有的相电压过低，但对采用敏感三相电压平均值的过电压、低电压保护线路还不能动作。这样会造成单相负载上的电压长期偏离额定值，对用电设备不利。

（2）三相电压严重不平衡，造成异步电机起动力矩减小。

（3）电机转子的热状态加剧，甚至会过热烧坏。

电压不平衡度是指电压的逆序分量与顺序分量的比值。当电压不平衡度不大时，上述不良影响并不严重。一般认为，电压不平衡度不应大于 4%。

10.8.2 电压不平衡保护线路及其工作原理

电压不平衡保护线路比较多，目前大多是采用敏感零序分量的保护电路。图 10-13 所示的就是利用敏感不平衡电压的零序分量来进行保护的。

对于图 10-13 所示的敏感电路，虽然电源系统的三相电动势 $\dot{E}_A$、$\dot{E}_B$、$\dot{E}_C$ 是平衡的，但由于开相或不平衡短路等原因，使敏感点 A、B、C 端的电压 $\dot{U}_A$、$\dot{U}_B$、$\dot{U}_C$ 不平衡，由于电路中的电阻 R_1、R_2 和 R_3 是相等的，即相当于平衡负载，且又有中线，故中性点 O' 将相对于中性点 O 发生位移，如图 10-14 所示。图中 $O'O$ 即为三相不平衡电压的零序分量 U_0，这可以通过下面的分析得以证明。

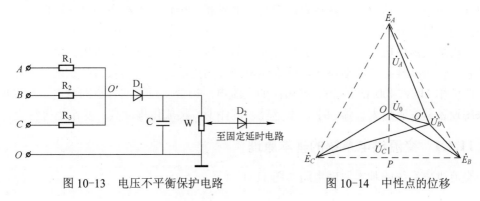

图 10-13 电压不平衡保护电路　　图 10-14 中性点的位移

由图可见 $\dot{U}_0 = \dot{U}_A - \dot{E}_A$，而 $\dot{E}_A$ 可根据向量的几何关系求出，即

$$\dot{E}_A = \frac{2}{3}\left[\frac{1}{2}(\dot{U}_{CA} + \dot{U}_{BA})\right]$$

故

$$\dot{U}_0 = \dot{U}_A - \frac{2}{3}\left[\frac{1}{2}(\dot{U}_{CA} + \dot{U}_{BA})\right]$$

$$= \dot{U}_A - \frac{1}{3}\left[-\dot{U}_C + \dot{U}_A + (-\dot{U}_B) + \dot{U}_A\right]$$

$$= \dot{U}_A + \frac{1}{3}\dot{U}_C + \frac{1}{3}\dot{U}_B - \frac{2}{3}\dot{U}_A$$

$$= \frac{1}{3}(\dot{U}_A + \dot{U}_B + \dot{U}_C)$$

从导出的结果可见，$\dot{U}_0$ 即为三相不平衡电压的零序分量。

由图 10-13 可见，$\dot{U}_0$ 经二极管 D_1 整流后加于电位计 W 两端，从 W 的活动触点输出故障信号，经固定延时后，向控制电路发出动作信号。

当三相电压平衡时，没有零序分量存在，则线路无故障信号输出。不平衡电压保护的动作点，可通过电位计来调定。顺便指出，这种电路虽然也对开相起保护作用，但它的开相保护区只是在敏感点以前，对于敏感点以后的开相，则不能起保护作用。

第 11 章　典型直升机交流供电系统

11.1　主电源为直流电源的交流供电系统

在低压直流供电系统中，有些设备需用单相交流电，如自动驾驶仪、雷达设备、无线电导航设备等。这里，以两台直流起动发电机和一个蓄电池组成的直升机低压直流供电系统为例进行分析。

该机的交流供电系统是由直流电源系统的直流电转换成交流电再供给交流用电电路的。它是一个双静态变流器系统，即直流电通过两台静态变流器各自产生两种单相交流电，即单相 115V 400Hz 和 26V 400Hz 的交流电，每台变流器向各自的配电系统供电。该系统设备具有容量大、体积小、重量轻、机件少、集成化程度高、噪声小等特点。

11.1.1　交流供电系统的基本原理

交流供电系统的基本原理电路如图 11-1 所示。

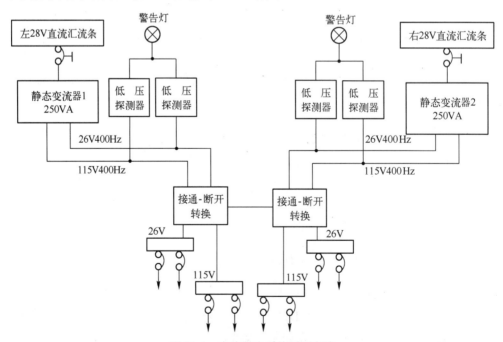

图 11-1　交流供电系统原理电路

交流电源由两台单相 115V 400Hz、26V 400Hz 静态变流器组成，在地面和飞行中，能将直流电转换为交流电，供给机上交流用电设备。该交流电配电网路由两个独立的子系统组成。

在正常情况下，每台静态变流器通过转换开关供给各个子系统工作。如果一台静态变流器发生故障，可以通过开关转换使两个子系统正常工作。

在警告故障板上的琥珀色"变流器1"和"变流器2"指示灯在正常工作时是熄灭的。每个灯由两个低压探测器控制，探测器一旦探测出静态变流器有故障就接地，则相应地指示灯燃亮。两个低压探测器是并联的，一个探测器是监测变流器115V 400Hz的输出端，另一个探测器监测变流器26V 400Hz的输出端。当变流器115V输出端输出电压低于60V或26V输出端输出电压低于14V时，指示灯燃亮。电压表通过选择旋钮"变流器1"或"变流器2"位置来指示115V 400Hz的工作电压。

如果一个静态变流器发生故障，通过探测器就会使警告灯燃亮，这时就应将有故障的变流器的控制开关置于"转换"位置，两个子系统就由一个静态变流器供电。在容量设计上，一个静态变流器可以满足两个子系统的正常供电。如果有一个子系统的网路发生汇流条短路故障，此时就必须断开该子系统的控制开关，使短路子系统隔离，以保持其他子系统的正常工作。

11.1.2 交流供电系统的工作原理

1. 正常工作

交流供电系统的工作电路，如图11-2所示。

将转换开关置于"接通"位置，两台静态变流器都由直流电源供电，产生115V 400Hz和26V 400Hz交流电输送到各自的配电系统，两个警告灯熄灭。

将电压表选择开关置于"115V/1"或"115V/2"位置，电压表上即可显示相应的电压值。

2. 供电故障

如图11-3所示为系统2的26V输出电压发生故障。

当系统2的26V系统的电压低于14V时，低压探测器将变流器2的警告灯电路接通，警告灯亮。驾驶员此时可将转换开关38X置于"转换"位置，则静态变流器1通过转换开关向系统2提供交流电。

若出现瞬时故障，驾驶员在转换前可先将开关从"接通"转到"断开"，再回到"接通"位置。

11.2 主电源为交流电源的交流供电系统

某型直升机交流供电系统由主交流供电系统和辅助交流供电系统组成。其原理电路分别如图11-4和图11-5所示，其汇流条和主要供电对象如下：

1号交流发电机汇流条向1号整流装置、旋翼和尾桨防冰系统供电。

2号交流发电机汇流条向2号整流装置、玻璃和发动机防冰系统供电。

115/200V发电机汇流条向Ⅱ、Ⅲ类用电设备供电。

115/200V变流器汇流条向Ⅰ类用电设备供电。

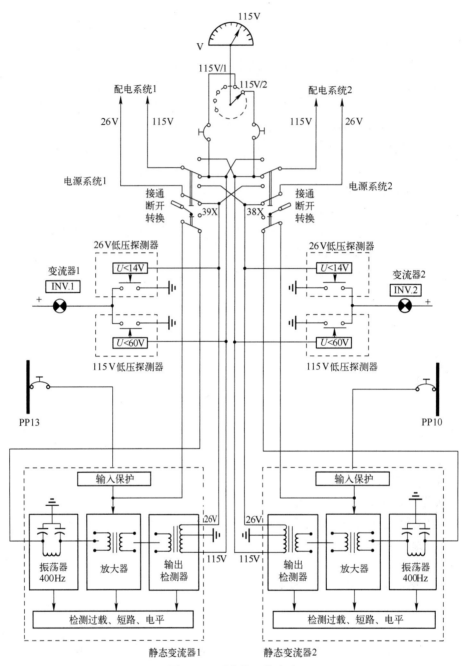

图 11-2 系统的工作电路

三相 36V 变压器汇流条向自动驾驶仪、地平仪、航向系统供电。
单相 36V 变压器汇流条向压力表供电。

11.2.1 主交流供电系统

1. 主要组成

（1）两台 40kW 三相 400Hz 的交流无刷发电机。

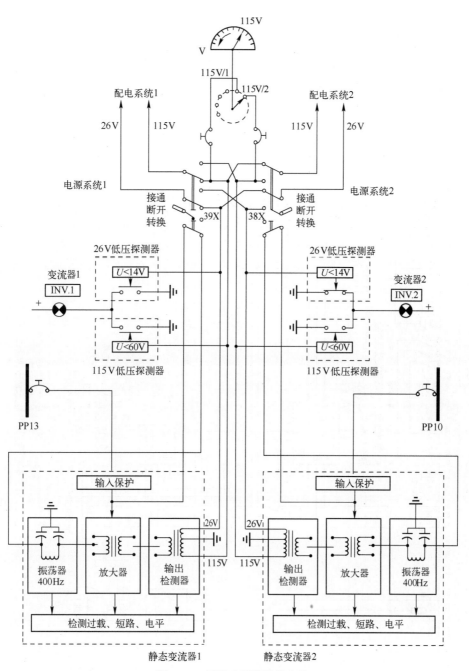

图 11-3 系统出现故障的电路

(2) 两个交流电压调节器。
(3) 两个交流电源保护器。
(4) 两个电流互感器组合件。
(5) 一个相序保护器。

2. 控制装置

(1) 两台发电机开关。

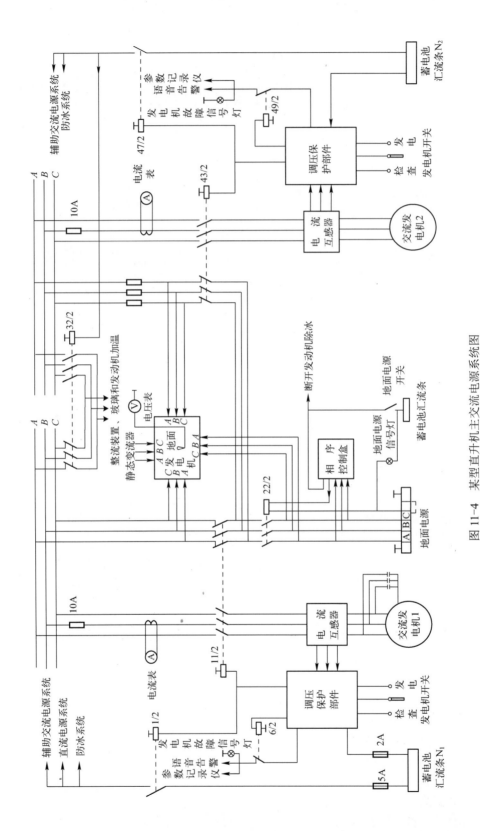

图 11-4 某型直升机主交流电源系统图

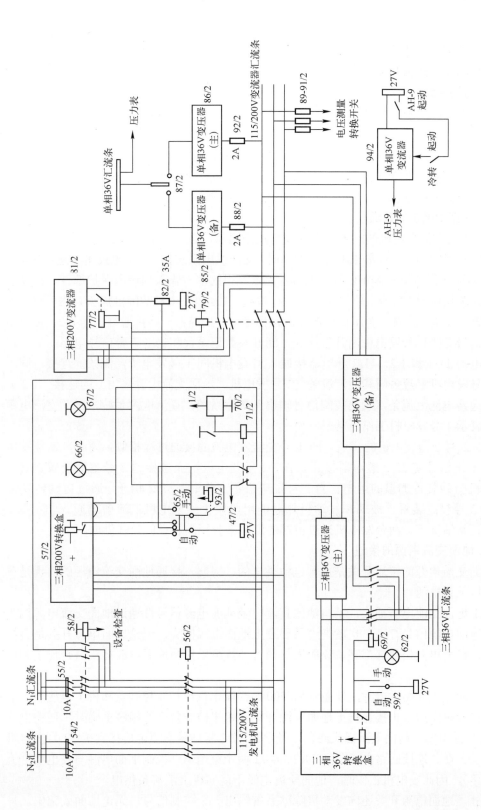

图 11-5 某型直升机辅助交流电源系统原理电路

173

(2）地面电源开关。

(3）电压表选择开关。

3．监测系统

(1）发电机故障信号灯：表明 1 号、2 号交流发电机的状态。燃亮表明未发电或未输出。

(2）地面电源信号灯：显示地面电源插座已与直升机相连。

(3）电压表：根据选择开关所在的位置指示交流供电设备各相的电压。

(4）电流表：分别指示 1 号和 2 号交流发电机的输出电流。

4．交流发电机的接通

(1）1 号交流发电机的接通。交流发电机接通前，必须先接通机上蓄电池。

在发动机起动后，旋翼转速大于 92% 时，交流供电系统接通。发电机电压达到 108～114V，频率达到 370～380Hz 时，电流互感器测得的信号输入到调压保护部件，将发电机转换开关按压至"检查"位置对系统进行检查，10s 内发电机故障灯熄灭，然后将转换开关放置"发电"位置，调压保护部件的输出信号分两路：一路接通继电器 6/2，使发电机故障信号灯"1 号发电机断开"熄灭，断开参数记录仪和语音告警信号电路；另一路接继电器 11/2 和 1/2，11/2 继电器接通 1 号发电机同 1 号发电机汇流条的连接，同时断开 1 号发电机汇流条同其他汇流条（2 号发电机、地面交流电源输出）的连接，1/2 继电器接通蓄电池汇流条，发出控制信号输出到防冰系统、直流电源系统、辅助交流电源系统，表示 1 号发电机工作正常。

(2）2 号交流发电机的接通。同 1 号交流发电机的接通过程相似。同时，2 号发电机正常工作信号使 32/2 继电器接通工作，2 号发电机汇流条接通 2 号整流装置、玻璃和发动机防砂装置加温的用电。当 2 号发电机不工作时，32/2 断开，通过自动转换装置，将 2 号整流装置、玻璃和发动机加温的用电同 1 号发电机汇流条连通。

在正常情况下，两台发电机通过自己的汇流条分别向各自的负载供电。

5．地面交流电源的接通

地面交流电源的接通开关是由蓄电池供电的。因此，接通地面交流电源的前提是首先接通机上蓄电池。

插上地面交流电源插头，蓄电池的直流电经地面电源信号灯通过地面交流电源插头回负，地面电源信号灯亮。也就是说只要插上地面电源插头，无论地面电源开关是否接通供电，地面电源信号灯都亮，座舱人员通过该灯可以判断地面电源插头是否连接到机上插座。

当地面电源开始供电时，地面三相 200V 交流电供给相序控制盒和机上电压表，检查电压符合规定后，再接通机上地面电源开关，相序控制盒确认相序正确时，便输出信号经 22/2 继电器、地面电源插头回负，继电器 22/2 将地面交流电连接到 1、2 号发电机汇流条上。在其连接回路中，要经 11/2、43/2 两个继电器（控制地面电源与发电机汇流条的通路），因此发电机工作时，地面交流电源不能向机上汇流条供电。

另外，地面电源开关还向发动机除冰系统输出一个控制信号，无论地面或空中，只要地面电源开关处于接通位置，就不能进行发动机除冰。

11.2.2 辅助交流供电系统

1. 主要组成

（1）三相 200V 静态变流器。
（2）三相 200V 自动转换器。
（3）三相 36V 主、备变压器。
（4）单相 36V 主、备变压器。
（5）单相 36V 静态变流器。

2. 控制装置

（1）36V 控制开关：用于选择 36V 备用变压器的接通方式是自动、手动还是断开。
（2）115V 控制开关：用于选择变流器的接通方式是自动、手动还是断开。

3. 监测系统

（1）36V 接通信号灯：显示 36V 备用变压器的接通。
（2）备用线路接通信号灯：显示 36V 备用变压器和 115V 变流器接通。
（3）变流器接通信号灯：显示 115V 变流器的接通。

4. 辅助交流电源系统的供电

当两台交流发电机正常供电时，从 2 号发电机输出的信号使继电器接通工作，从而将 115/200V 发电机汇流条与 2 号发电机汇流条接通，同时与 1 号发电机汇流条断开。当 2 号发电机故障时，继电器断开，使 115/200V 汇流条与 2 号发电机汇流条断开，与 1 号发电机汇流条接通。

三相 36V 主变压器经继电器向三相 36V 汇流条供电。单相 36V 变压器经开关向单相 36V 汇流条供电。

参 考 文 献

[1] 张卓然. 多电飞机变频交流供电系统[M]. 北京：科学出版社，2022.
[2] 王莉. 航空航天器供电系统[M]. 北京：科学出版社，2018.
[3] 秦海鸿，严仰光. 多电飞机的电气系统[M]. 北京：北京航空航天大学出版社，2016.
[4] 吴瑞金. 直升机电气系统设计[M]. 北京：海潮出版社，2009.
[5] 严东超. 飞机供电系统[M]. 北京：国防工业出版社，2010.
[6] 沈颂华. 航空航天器供电系统[M]. 北京：北京航空航天大学出版社，2005.
[7] 周元钧. 民机供电系统[M]. 上海：上海交通大学出版社，2015.
[8] 刘建英. 飞机电源系统[M]. 北京：中国民航出版社，2013.
[9] 张卓然，许彦武，姚一鸣，等. 多电飞机电力系统及其关键技术[J]. 南京航空航天大学学报，2022，54(5)：969-984.
[10] 赵文智. 航空静止变流器电路的系统设计方案研究[J]. 中国民航大学学报，2007，25(3)：42-44.
[11] 杨娟，李运富，杨占刚，等. 飞机二次电源负载特性仿真计算与检测分析[J]. 电源学报，2021，19(3)：125-133.
[12] 严仰光，秦海鸿，龚春英，等. 多电飞机与电力电子[J]. 南京航空航天大学学报，2014，46(1)：11-18.
[13] 马静宇，熊俊卿. 某直升机专用电源系统供电特性研究[J]. 通信电源技术，2019，36(5)：113-115.
[14] 朱新宇. 飞机电源不中断供电及其关键技术[J]. 桂林航天工业高等专科学校学报，2007(1)：10-12.
[15] 刘晓琳. 飞机电源系统故障诊断的数学模型[J]. 中国民航大学学报，2007，25(3)：30-32.
[16] 陈圣斌，苏强，辛冀，等. 容错技术在直升机可靠性设计中的应用与研究[J]. 直升机技术，2014(2)：18-22.